从阿拉斯加走向未来

——CO_2置换法开采天然气水合物技术研究进展

庞维新　李清平　陈光进　编著

中国石油大学出版社

山东·青岛

图书在版编目（CIP）数据

从阿拉斯加走向未来：CO_2 置换法开采天然气水合物
技术研究进展 / 庞维新，李清平，陈光进编著. −−青岛：
中国石油大学出版社，2021.3
　　ISBN 978-7-5636-7103-8

　　Ⅰ. ①从… Ⅱ. ①庞… ②李… ③陈… Ⅲ. ①天然气
水合物−气田开发−研究 Ⅳ. ①P618.13

　　中国版本图书馆 CIP 数据核字（2021）第 050949 号

书　　　名	：	从阿拉斯加走向未来——CO_2 置换法开采天然气水合物技术研究进展
		CONG ALASIJIA ZOUXIANG WEILAI——CO₂ ZHIHUANFA KAICAI TIANRANQI SHUIHEWU JISHU YANJIU JINZHAN
编　　　著	：	庞维新　李清平　陈光进
责 任 编 辑	：	穆丽娜（电话 0532−86981531）
封 面 设 计	：	王凌波
出　版　者	：	中国石油大学出版社
		（地址：山东省青岛市黄岛区长江西路 66 号　邮编：266580）
网　　　址	：	http://cbs.upc.edu.cn
电 子 邮 箱	：	shiyoujiaoyu@126.com
排　版　者	：	青岛天舒常青文化传媒有限公司
印　刷　者	：	山东顺心文化发展有限公司
发　行　者	：	中国石油大学出版社（电话 0532−86981531，86983437）
开　　　本	：	787 mm×1 092 mm　1/16
印　　　张	：	10
字　　　数	：	246 千字
版 印　次	：	2021 年 3 月第 1 版　2021 年 3 月第 1 次印刷
书　　　号	：	ISBN 978-7-5636-7103-8
定　　　价	：	98.00 元

前　言

　　天然气水合物被普遍认为是尚未开发但储量巨大的一种非常规油气资源，也是21世纪最有潜力的接替能源之一。巨大的资源潜力吸引着世界各国不断投入资金和力量开展勘查及试验开采等研究。20世纪90年代，美国、加拿大、俄罗斯、德国、挪威、日本和韩国等国家纷纷制订了天然气水合物长期研究计划，并先后在加拿大Mallik地区和美国阿拉斯加地区实施了试采，掀起了水合物研究的热潮，目前形成了以北极冻土带的加拿大Mallik、美国阿拉斯加、西西伯利亚以及墨西哥湾、印度沿海、中国南海和日本海为主的"一陆三海"格局。近十年来，国内外的天然气水合物研究形势发生了较大的变化，天然气水合物开发研究的重心逐步从欧美走向亚洲，日本和中国先后进行了多次水合物试采，天然气水合物开发研究进入了一个高峰期：日本在2013年海上试采之后，分别在2017年5月和7月进行了两次海上试采；中国也在2017年分别由中国地质调查局和中国海油采用不同的方法，进行了两次海上试采，2020年初，中国再一次进行了试采，创下了"产气总量$86.14 \times 10^4 \ m^3$，日均产气量$2.87 \times 10^4 \ m^3$"两项新的世界纪录，有力地推动了中国天然气水合物资源走向商业化利用的进程。

　　然而，从国内外整体技术发展水平来看，目前天然气水合物的勘探开发仍然处于探索和研发阶段，研究者提出的各种开采方法都未能实现天然气水合物资源经济有效的开发，其距离经济性利用的门槛还较远，天然气水合物开发基础理论尚需重点研究，天然气水合物开采方法没有根本突破，制约天然气水合物安全高效开发的三大技术难题即"装备安全、生产安全和环境安全"尚未解决，要实现天然气水合物商业开发还有很长的路要走。

　　CO_2置换法同时具有埋藏CO_2和开发天然气水合物的功效，并且能够不改变水合物储层现有结构，有效防止地层结构塌陷，是天然气水合物商业化

1

开发的一个潜力方向。本书在总结国内外天然气水合物试采案例的基础上，重点介绍了阿拉斯加 CO_2 置换法开发天然气水合物的试采案例，并进一步介绍了 CO_2 置换法开发天然气水合物的最新研究进展，以期为天然气水合物的商业化开发研究提供参考。

作　者
2021 年 3 月

目　录

第一章
水合物的物理性质及资源分布

水合物是小分子气体(N_2、CO_2、CH_4、C_2H_6 和 C_3H_8 等)和水在一定温度和压力下生成的一种固态晶体物质。形成水合物的水分子称为主体,形成水合物的其他组分称为客体。主体水分子通过氢键相连形成多面体孔穴,尺寸合适的客体分子填充在笼孔中,使水合物具有热力学稳定性。不同结构的水合物具有不同种类和配比的笼子。空的水合物晶格就像一个高效的分子水平的气体存储器,1 m^3 水合物可储存 160～180 m^3 天然气。

1.1　水合物的结构

现已发现并有所研究的气体水合物构型主要有 3 种,即结构Ⅰ型、结构Ⅱ型和结构 H 型。水合物的每种结构中均含有大小和数量不等的、由水分子以氢键相互连接形成的各种孔穴,孔径较小的气体分子填充于孔穴之中。天然气分子一般生成体心立方结构Ⅰ型或钻石(菱形)立方结构Ⅱ型水合物。水合物Ⅰ型、Ⅱ型和 H 型 3 种结构组成如图 1-1 所示,3 种水合物的结构参数见表 1-1。

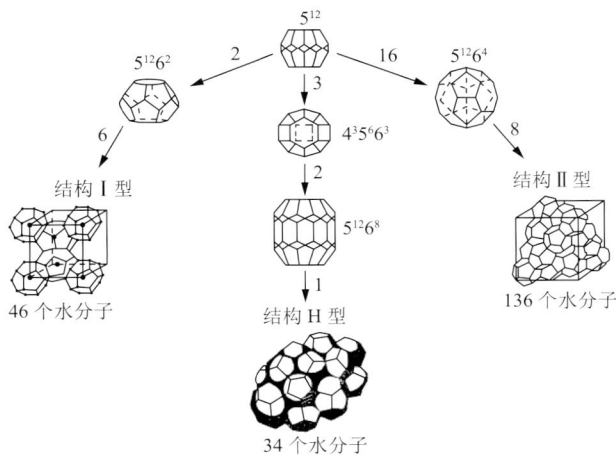

图 1-1　水合物 3 种结构组成图

1

表 1-1　3 种水合物结构的有关参数

性　质	结构 I		结构 II		结构 H		
孔　穴	小	大	小	大	小	中	大
表　述	5^{12}	$5^{12}6^2$	5^{12}	$5^{12}6^4$	5^{12}	$4^35^66^3$	$5^{12}6^8$
理想晶格元	$2X \cdot 6Y \cdot 46H_2O$		$16X \cdot 8Y \cdot 136H_2O$		$3X \cdot 2Z \cdot 1Y \cdot 34H_2O$		
孔穴数	2	6	16	8	3	2	1
孔穴直径/Å	3.95	4.33	3.91	4.73	3.9	4.06	5.71
配位数	20	24	20	28	20	20	36

在表 1-1 中,5^{12} 表示由 12 个五边形构成的十二面体孔穴,$5^{12}6^2$ 表示由 12 个五边形、2 个六边形构成的十四面体孔穴,其余类似。

并不是所有的气体都能与水形成水合物,孔穴中空间的大小与客体分子直径必须相匹配才行。若客体分子直径太小,则形成的水合物不稳定,会立刻分解;若客体分子直径太大,则气体不能进入孔穴中,也不能形成水合物。一般来说,客、主体分子的直径之比在 0.9 左右时形成的水合物最稳定。

1.2　水合物的物理性质

气体水合物的密度一般在 0.8～1.0 g/cm³ 之间。除热膨胀和热传导性质外,气体水合物的光谱性质、力学性质及传递性质与冰相似。气体水合物的导热系数约为 0.5 W/(m·K)[冰的导热系数约为 2.23 W/(m·K)],其热膨胀与水合物结构有关。许多科研工作者对气体水合物的晶体结构、比热容、生成焓以及热传导性质等进行了大量的实验研究。Sloan 和陈光进各自的著作中全面总结了气体水合物的结构性质和相关应用。表 1-2 列出了水合物结构 I、结构 II 以及冰的基本物性。

表 1-2　水合物结构 I、结构 II 以及冰的基本物性对比

物性参数	结构 I	结构 II	冰
光谱性能			
晶胞空间系	Pm3n	Fd3m	$P6_3/mmc$
水分子数/个	46	136	4
晶胞参数(273 K)	12	17.3	$a=4.52, c=7.36$
介电常数(273 K)	约 58	58	94
远红外光谱	229 cm^{-1}峰和其他峰	229 cm^{-1}峰和其他峰	229 cm^{-1}峰
水扩散相关时间/μs	>200	>200	2.7

	结构 I	结构 II	冰
机械性能			
等温杨氏模量(268 K)/(10^9 Pa)	8.4	8.2	9.5
泊松比	约 0.33	约 0.33	0.33
压/剪速度比(273 K)	1.95	−1.88	1.88
体积弹性模量(273 K)/(10^9 Pa)	5.6		8.8
剪切弹性模量(273 K)/(10^9 Pa)	2.4		3.9
热力学性能			
线性热膨胀系数(220 K)/K^{-1}	7.7×10^{-5}	5.2×10^{-5}	5.6×10^{-5}
绝热体积压缩系数(273 K)/(10^{-11} Pa)	14	14	12
长音速度(273 K)/(km·s^{-1})	3.3	3.6	3.8
导热系数(263 K)/(W·m^{-1}·K^{-1})	0.49±0.2	0.51±0.2	2.23

1.3　全球天然气水合物资源量和分布

在自然界中,水合物大多存在于大陆永久冻土带和深海中,其所包络的气体以甲烷为主,其组成与天然气非常相似,常称为天然气水合物,是一种潜在的能源。

自 1810 年英国科学家 Humphrey Davy 在实验室发现氯气水合物以来,人们对水合物的认识经历了一个从最初的惊奇到现在的全面研究过程。总体而言,水合物的发展经历了 3 个阶段:

第一阶段起始于 1810 年实验室发现水合物,在这一阶段研究人员较少,研究兴趣主要集中于什么气体能够生成水合物等,学术性较强。

第二阶段开始于 1934 年,当时发现堵塞油气输送管道的固体是水合物而不是冰,引起了世界各石油公司的高度重视,掀起了水合物研究的热潮,研究重点也理所当然地转向了水合物的抑制问题。

第三阶段开始于 20 世纪 60 年代中期,苏联在西伯利亚地区发现了自然界的水合物藏,此后全球很多地方也相继发现了水合物藏或被认为可能存在水合物藏,水合物被认为是 21 世纪的重要接替能源,使得水合物的研究达到了一个新的高潮,研究目标也变得更加广泛,从自然资源、环境影响到水合物的相关应用技术,都引起了研究者们的兴趣。

作为水合物研究的一个方面,天然气水合物资源的开采与利用是水合物研究的重中之重,研究内容从天然气水合物资源的勘探、分布特征到开采方法,遍布水合物资源利用的各个方面。对天然气水合物资源量的评估是资源开发的基础,一直受到研究者们的重视。常用的天然气水合物资源量评价方法见表 1-3。根据不同的评价思路,天然气水合物资源量评价方法可分为面积法、体积法、概率统计法、物质平衡法和盆地模拟法等,这些方法各有各的优缺点和适用范围。

表 1-3 常用的天然气水合物资源量评价方法

评价思路	主要方法	主要优点	主要缺点	适用范围
成藏思路	面积法	计算过程容易	(1) 需要假定储集层的面积和水合物的密度; (2) 认为水合物只有在大陆边缘和深海平原才有可能使结果更接近实际; (3) 引入水合物资源量计算过程中,未考虑生物成因气或混合成因气,因而容易造成计算量远大于实际值的情况	适用于勘探开发程度较低的地区
	体积法	(1) 原理简单; (2) 计算结果相对可靠	由于不同学者与国家对天然气水合物矿藏的概念差异,其选择的参数差异较大,严重影响计算结果	大陆陆缘
	概率统计法	适用于某些资料较少的情况	计算过程相对来说更为简单	适用于复杂地质条件的概算
生烃思路	物质平衡法	强调成藏过程与参数的选择	主要依据烃类的生、运、聚过程与相关地球化学参数选取,缺乏考虑天然气水合物稳定带的动态平衡与部分已形成常规油气的资料	目前主要应用于墨西哥湾东北海域
模拟思路	盆地模拟法	注重烃类的生、运、聚史模拟	评价结果缺少水合物形成时的温度、压力条件,其圈闭概念不同于传统油气,其中部分已形成常规油气,因此导致计算资源量偏大	适用于埋藏较深(>50 m)的水合物资源量评价

对于天然气水合物资源量的评估,全球经历了一个逐步认识的过程。1973 年,Trofimuk 等假设水合物赋存厚度较为均质,计算出全球天然气水合物资源量为$(3.021 \sim 3.625) \times 10^{18}$ m³;1975 年,他改进技术方法,修正了水合物赋存厚度,计算得到全球天然气水合物资源量为 1.135×10^{18} m³,约为两年前结果的 1/3,但数量级没有变化。随后,不同学者对天然气水合物资源量估算进行了大量研究。1995 年,Harvey 和 Huang 提出了未熟烃源岩无法形成水合物的理论,依据成熟烃源岩所计算出的全球天然气水合物资源量为$(2.27 \sim 9.07) \times 10^{16}$ m³。随着研究的深入,这一时期的全球天然气水合物资源量不断更新,但数量级基本为 10^{16} m³,比之前少了 2 个数量级。2004 年,Milkov 估算了全球海洋天然气水合物的资源量,得出的结果为 2.5×10^{15} m³。不同时期不同研究者估算的水合物资源量详细结果见表 1-4。

随着大洋钻探计划的实施,研究者对海洋天然气水合物资源有了新的认识,大洋钻探计划取得的数据为水合物稳定带的准确估算提供了依据和标准,但研究者也指出,由于钻探取样数据的有限性,精确的天然气水合物资源量计算还需建立统一的评价依据和指标体系。一方面,需要结合已经掌握的地震、测井以及钻井资料来明确含天然气水合物层的沉积特征,尤其是沉积速率、沉积相以及含砂率等参数;另一方面,需要掌握天然气水合物成藏规律,通过把握影响因素的变化趋势来获得有效的评价参数,实现对资源量的精确预测。

表 1-4　全球天然气水合物资源量估算值

资源量近似值或平均值/(10^{15} m³)	资料来源
3 053	Trofimuk 等(1973)
1 135	Trofimuk 等(1975)
1 573	Cherskiy 和 Tsarev (1977)
约 1 550	Nesterov 和 Salmanov(1981)
>0.016	Trofimuk 等(1977)
约 120	Trofimuk 等(1979)
3.1	Mclver(1981)
15	Makogon(1981) Trofimuk 等(1981,1983)
15	Trofimuk 等(1983)
40	Kvenvolden 和 Claypool (1988)
约 20	Kvenvolden (1998)
20	MacDonald(1990)
26.4	Gornitz 和 Fung(1994)
约 45.4	Harvey 和 Huang (1995)
1	Ginsburg 和 Soloviev (1995)
约 6.8	Halbrook 等(1996)
15	Makogon(1997)
>0.2	Soloviev(2002)
4	Milkov 等(2003)
2.5	Milkov(2004)

由于天然气水合物在全球的分布情况未完全掌握,导致对全球天然气水合物资源量的估算工作非常复杂和困难,以至于说法不一,或者过高地估算了全球天然气水合物的资源总量,但可以肯定的是,天然气水合物中的天然气资源量远远大于常规天然气气田的储量,对未来的能源结构影响巨大。目前比较公认的结果是全球天然气水合物资源量处于 10^{16} m³ 级别,相当于全球已知煤炭、石油和天然气等其他化石能源有机碳含量总和的两倍。

图 1-2 所示为天然气水合物与常规天然气的资源量对比结果。图中全球天然气水合物的资源量估算值约为 $3\,000\times10^{12}$ m^3,远大于常规和非常规天然气总量,而海洋天然气水合物资源量约占全球天然气水合物资源总量的 97%(图 1-3)。因此,天然气水合物特别是海洋天然气水合物有可能成为继页岩气、煤层气之后又一储量巨大的接替能源。与此同时,由于天然气水合物一般埋深较浅,具有弱胶结等特性,其无序分解可能引发地质灾害、温室效应等问题已引起世界各国的高度重视,因此天然气水合物资源安全高效开发和环境风险并重,成为当前世界科技创新的前沿。

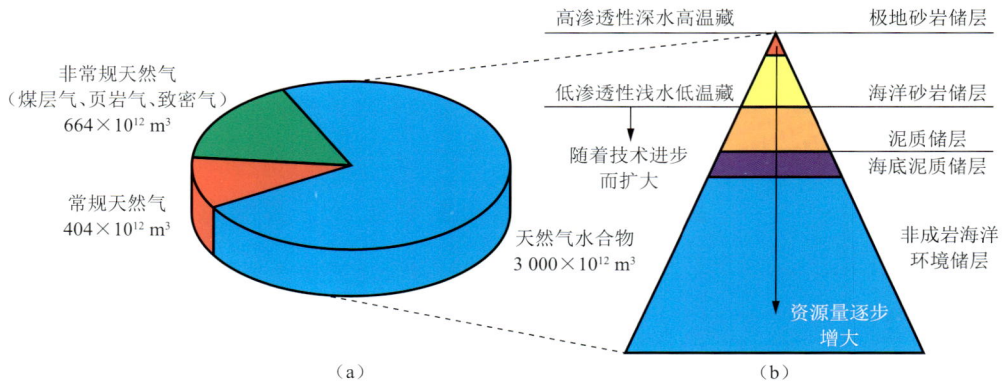

图 1-2 全球天然气水合物资源量与其他天然气资源量对比

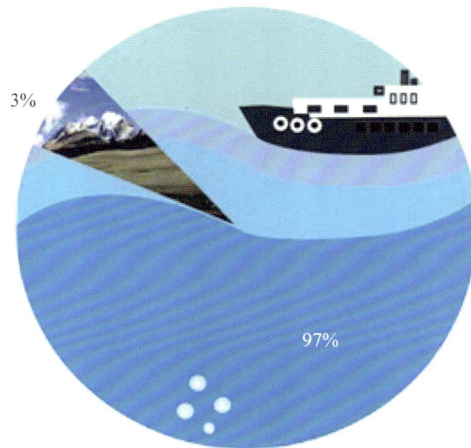

图 1-3 世界天然气水合物资源分布占比

天然气水合物广泛分布于全球海域的大陆边缘和陆地极地冻土带,而海洋天然气水合物的主要赋存区域是活动大陆边缘俯冲带的增生楔和非活动大陆边缘的断褶带。全球已发现上百处天然气水合物的分布点,形成了两大水合物分布区带:一是高寒和高纬度区域,例如麦索亚哈河、普拉德霍湾、马更些三角洲、青藏高原和北冰洋;二是沿赤道分布区域,包括大西洋、印度洋和太平洋的两岸(图 1-4)。在极地和冻土带的岩层中,天然气水合物埋存深度一般为 150~2 000 m;在海域,天然气水合物一般分布在水深大于300 m 的地区。据美国地质调查局(USGS)2019 年资料显示,全球至少有 116 个地区发现了天然气水合物,其中陆地 38 处(永久冻土带)、海洋 78 处。海洋中天然气水合物的储量比陆地天然气水合物的储量至少大两个数量级。

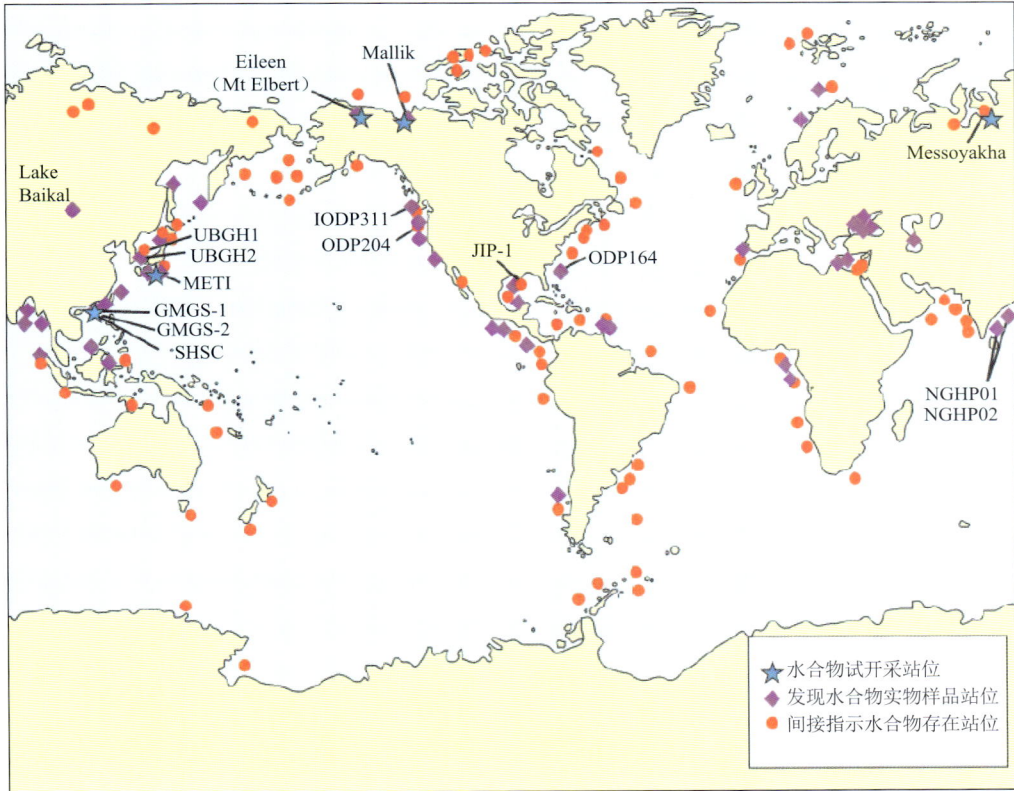

图 1-4　全球天然气水合物资源分布

　　天然气水合物的分布多与石油天然气产区重合或部分重合,这是一个逐渐为研究者所认识的规律,如在阿拉斯加、墨西哥湾、西西伯利亚地区以及我国南海北部陆坡和琼东南海域,普遍发现了天然气水合物藏附近常规油气田。这种规律一方面对油气工业开采带来不少安全问题,但另一方面又为天然气水合物的勘探开发带来许多有利条件,如可充分利用油气工业原有钻探开采和生产管道等基础设施,从而减少投资。例如,美国阿拉斯加北坡大油田于 1972 年发现了天然气水合物,之后检查了几百口工业油气井的测井资料,发现至少有 50 口生产井可能存在天然气水合物,厚薄不等,个别厚度可达 3~31 m;苏联在西伯利亚冻土带的麦索亚哈气田开发中更是进行了长达 30 年的天然气水合物开采。

1.4 我国天然气水合物资源量和分布

我国天然气水合物资源调查研究工作起步较晚。从 1995 年原地质矿产部设立天然气水合物调研项目开始,至今大致经历了 4 个阶段:1995—1998 年预研究、1999—2001年前期调查、2002—2010 年 118 专项调查,以及 2010—2030 年 127 工程调查。

1990 年,中国科学院兰州冰川冻土研究所与苏联莫斯科大学合作,成功地进行了天然气水合物人工合成实验。20 世纪 90 年代,国内有关单位和学者主要对国外调查研究情况进行了跟踪调研和文献整理,对我国天然气水合物资源远景做了一些预测。

2002 年 1 月 18 日国务院批准设立的"我国海域天然气水合物资源调查与评价"国家专项(118 专项)是我国第一个关于水合物的国家级项目,中国海洋石油总公司(简称"中国海油")等设立了水合物研究专门项目。

2006 年 12 月,国家"863"计划启动"天然气水合物勘探开发关键技术研究"重大项目。

2007 年 5 月,国土资源部首次在南海北部实施天然气水合物钻探,成功获取实物样品。

2008 年 11 月,我国首艘自行研制的天然气水合物综合调查船"海洋六号"在武昌造船厂建成下水。

2008 年 11 月,国土资源部在青海省祁连山南缘永久冻土带(青海省天峻县木里镇,海拔 4 062 m)成功钻获天然气水合物实物样品;2009 年 6 月继续钻探,获得宝贵的实物样品。

2009 年 6 月,"气密性孔隙水原位采样系统"在我国南海中央海盆水深 4 000 m 海底采样成功。

2010 年,我国建立了达到世界先进水平的三维天然气水合物物理模拟和数值模拟、基础物性研究平台,初步开展了海底浅层水合物工程地质灾害研究。

2011 年,中国海油开展深水海域水合物钻探取样方案研究和装备研制;同年,开展了青海冻土三露天区域冻土水合物勘探试采一体化方案研究。

2012 年,中国海油启动天然气水合物勘探试采公司级重大项目。

2013 年,国土资源部在南海北部钻探 30 口井,获取多种形态的天然气水合物样品,并在冻土区域进行了短期测试,推动了我国天然气水合物的研究进程。

2015 年和 2017 年,中国海油凭借国内独立自主的技术和设备,取得了海洋天然气水合物样品,使我国成为国际上第三个具备独立自主取样能力的国家。

2017 年,我国采用降压法和固态流化法两种方法,成功进行了海洋天然气水合物试采。这是我国首次进行海上天然气水合物试采,其中降压法创造了目前最长的试采时间记录,为期 60 d 的试采过程中,取得了日均产气量 5 000 m^3 的成果。

2020 年,我国再一次成功进行海洋天然气水合物试采(图 1-5),在水深 1 225 m 的南海神狐海域,产气总量 86.14×10^4 m^3、日均产气量 2.87×10^4 m^3。此次试采取得一系列重大突破,一是创造了产气总量、日均产气量两项世界纪录,实现了从"探索性试采"向"试验性试采"的重大跨越;二是自主研发了一套实现天然气水合物勘查开采产业化的关键技术装备体系,大大提高了深海探测与开发能力;三是创建了独具特色的环境保护和监测体系,进一步证实了天然气水合物绿色开发的可行性。

图 1-5　2020 年我国海洋天然气水合物试采

经过数十年的研究和勘查,据估算,我国天然气水合物的资源量约为 $84×10^{12}$ m^3,主要分布在我国南海和青海冻土带(图 1-6),其中南海天然气水合物资源量约占总资源量的 78%,冻土带天然气水合物资源量占总资源量的 15%,东海也发现天然气水合物存在的标识。南海共有 11 个潜在区域,远景资源量巨大,是我国水合物研究的热点地区,目前我国实施的三次海洋天然气水合物试采均集中在南海神狐海域(图 1-7)。

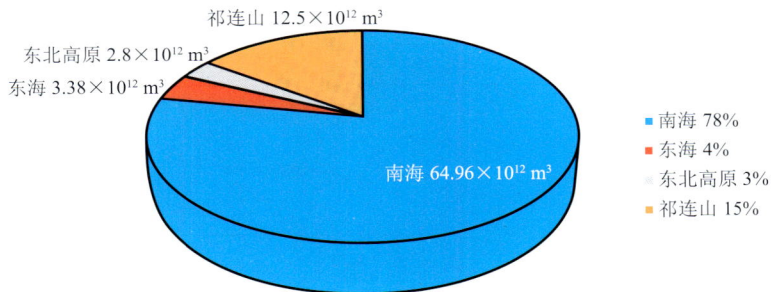

祁连山 $12.5×10^{12}$ m^3
东北高原 $2.8×10^{12}$ m^3
东海 $3.38×10^{12}$ m^3
南海 $64.96×10^{12}$ m^3

- 南海 78%
- 东海 4%
- 东北高原 3%
- 祁连山 15%

图 1-6　我国天然气水合物分布占比

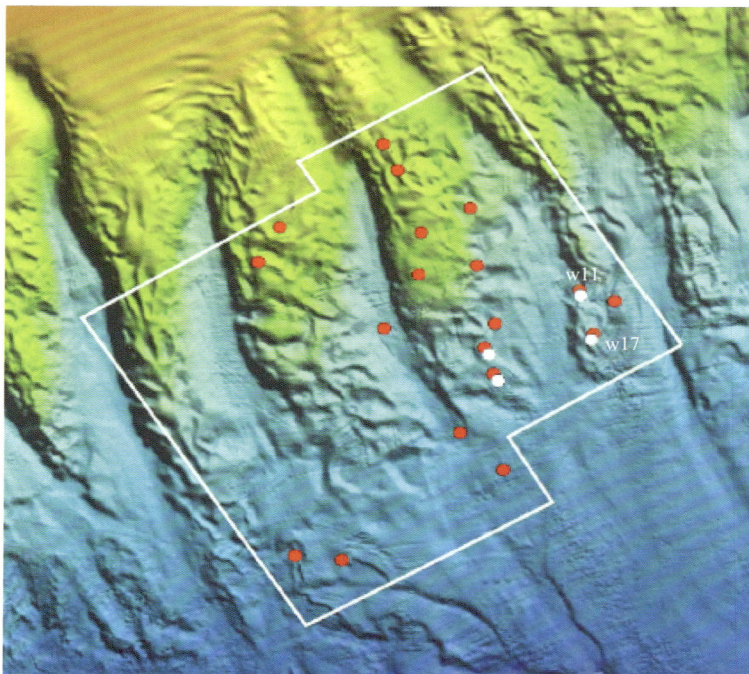

图 1-7　深海海域是近期研究热点

红点表示 GMGS-3 航次的随钻测井站位,白点表示取芯站位

1.4.1　我国南海天然气水合物资源分布

　　研究者从物理海洋、古气候、沉积环境和构造环境分析入手,研究了南海天然气水合物的形成条件。研究结果表明,在整个南海海域,天然气水合物的生成条件是存在差别的。南海东北部,在氧同位素 2,4 和 6 期,由于菲律宾海高盐度海水的注入,这里的生物生产率特别高,陆坡上沉积了丰富的有机物质,加上此时期该处的沉积速率高,为天然气水合物的生成提供了物质条件;另外,自中新世末以来,由于菲律宾海板块与欧亚板块在台湾地区发生碰撞,对南海北部产生北西向挤压,加快了流体在沉积物中的活动,为天然气水合物的生成提供了良好的构造环境。因此认为,南海东北部陆坡应是南海天然气水合物最丰富的地区。

　　南海陆架地形平坦,陆坡地形复杂,呈现高地与洼地相间、海槽与海脊(岛)并存、岛屿与礁滩分布的多种类型地貌的特点,其中陆坡与岛坡总面积约 126×10^4 km²,占南海总面积的 36%。南海存在被动大陆边缘和主动大陆边缘两类陆坡构造环境。南海北部、西部为被动大陆边缘,因扩张裂陷、剪切、沉降,形成了一系列大中型沉积盆地,为有机质的富集提供了最佳场所;在南海东部,由于南海板块沿马尼拉海沟向东俯冲,在俯冲带东侧形成叠瓦状逆掩推覆的增生楔,南部陆缘为陆-陆碰撞,经历了俯冲、汇聚和挤压沉降等 3 个发展阶段,形成了一系列复合型沉积盆地。总体来看,南海兼具被动大陆边缘和主动大陆边缘的区域地质背景,是天然气水合物聚集和成藏的理想场所。

同时,南海海域发育了多种与天然气水合物密切相关的地质构造体,包括海底滑塌体、泥底辟、增生楔、构造坡折带、多边形断层等,构成了良好的水合物流体运移体系。研究表明,水合物广泛分布的大陆陆坡区是海底滑塌的重要分布区。南海珠江口盆地白云凹陷及台西南盆地中都发现有较大规模的海底滑塌体。海底滑塌一方面使局部区域产生快速堆积,从而产生压力屏蔽效应,有利于水合物的形成;另一方面能够为浅层气的侧向运移提供良好的疏导体系,并且有利于扩大水合物形成的孔隙空间。此外,底辟构造在南海海域也较为发育,南海北部陆坡、南部西部边缘、南沙海域等均发现有泥底辟存在,且与似海底反射(BSR)关系较为密切。底辟构造的发育为天然气运移提供了极好的条件:如果泥底辟刺穿整个上覆沉积层,则可以形成海底泥火山,深层天然气可沿底辟构造所形成的通道运移至近海底附近并沉淀为天然气水合物;即使底辟没有刺穿整个上覆沉积层,但由于塑性泥岩上拱,导致其上覆地层形成很多张性断裂,也有利于流体疏导。增生楔作为主动大陆边缘水合物发育常见的特殊构造之一主要形成于南海东部。俯冲带有大量沉积物输入,陆源和海洋有机质被迅速埋藏,继而在构造作用下及时转移到能生成热解烃的地带,同时增生环境中构造变动活跃,以逆掩推覆构造样式为主,有利于气体长距离运移,而热结构剖面呈梯度变化,可提供烃气热灶环境,因此增生楔具备物源及烃气运移和捕集的有利环境。近年来,有学者将"构造坡折带"的概念引入天然气水合物调查研究中。南海北部陆坡构造坡折带不仅可为流体运移提供良好的疏导体系,而且其较大的坡降和连续增加的水深能够为水合物的形成提供连续变化的温压环境。多边形断层作为形成天然气水合物的流体疏导体系,也是在最近几年南海天然气水合物勘探和研究过程中才被发现的。南海琼东南盆地深水区的细粒沉积物中发育多边形断层,位于厚度约为 1 000 m 的中新世和上新世地层中,断距较小,为 5～30 m。多边形断层形成的同时,之前被巨厚泥岩地层圈闭的大量流体被排驱,可为水合物的形成提供丰富的气源。综上所述,海底滑塌体、泥底辟、增生楔、构造坡折带、多边形断层等与天然气水合物赋存有关的地质构造体以其广泛的分布、良好的疏导和聚集系统成为南海天然气水合物有利的发育场所。

钻探取样结果也表明,我国南海天然气水合物资源量十分丰富(图 1-8)。2007 年,中国国土资源部在南海神狐海域的钻探试验中共钻探了 8 个站位,其中在 SH2,SH3 和 SH7 3 个站位的岩芯样品中发现了天然气水合物(图 1-9),而在 SH1 和 SH5 两个站位没有发现天然气水合物;另外 3 个站位(SH4,SH6 和 SH9)只测井未取芯。从测井曲线上看,未取到天然气水合物样品的 SH1 站位的声波速度自上而下缓慢增加,没有发生明显的异常变化;而 SH2 站位位于 SH1 站位的西北部,距 SH1 站位约 2 km,其测井曲线在水合物沉积层(深度为海底之下 190～220 m)存在明显的高速异常,厚约 30 m,天然气水合物饱和度为 15%～48%,为高纵波速度(2 000 m/s)、高阻抗、高电阻特征;SH3 站位含水合物层在 185～195 m 深度段,厚度较薄,天然气水合物饱和度约为 25.5%,水合物层之下为低速(1 500 m/s)游离气,且游离气也是高电阻特征;SH7 站位含水合物层在 150～175 m 深度段,厚约 20 m,天然气水合物饱和度为 3%～44%,但由于测井曲线不够长,不能判断水合物层之下是否存在游离气。2017 年,中国海油也在南海神狐海域成功取得水合物样品,并全面评价了神狐海域第一到第四共 4 个条带 700 多平方千米的水合物资源量。我国目前已实施的 3 次海上水合物试采均发生在神狐海域。

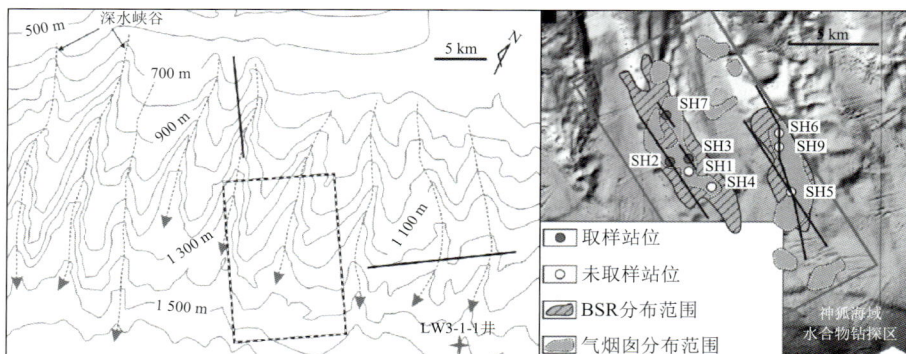

图 1-8　南海北部陆坡区神狐海域区域取样位置图

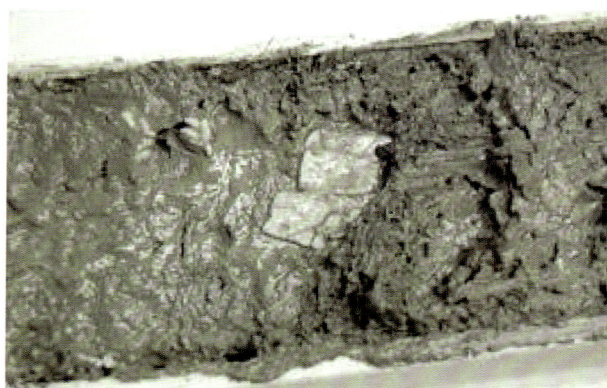

图 1-9　神狐海域天然气水合物样品

2013 年,我国在南海珠江口盆地实施钻探,成功获得了天然气水合物样品。在 3 个航段 13 个站位 23 口井的地球物理测井及钻探取样(图 1-10)工作中,有 8 个站位的测井曲线有水合物异常显示;5 个取样站位取到水合物样品,其中 4 个站位发现可视水合物。此次发现的天然气水合物样品具有埋深浅、厚度大、类型多、纯度高 4 个主要特点,水合物赋存于水深 600～1 100 m 的海底以下 200 m 以内,岩芯中水合物矿体含矿率平均为 45%～55%,气体中甲烷纯度高达 99%。实施的 23 口钻探井中,控制天然气水合物分布面积 55 km²,控制储量(1 000～1 500)×10⁸ m³,再次证实我国南海存在巨大的天然气水合物资源前景。

同样,我国南海琼东南盆地天然气水合物资源亦发育良好。有研究者分析了琼东南盆地天然气水合物成藏必须具备的气源、气体运移通道和储层等特征,总结认为琼东南盆地海域的中央坳陷带内发育了大量气烟囱,其附近海底浅层是天然气水合物发育的重点目标区(图 1-11)。一些研究结果表明,我国琼东南海域天然气水合物远景资源量约为 1.6×10¹² m³。钻探取样结果也表明,琼东南盆地具有丰富的天然气水合物资源(图 1-12、图 1-13)。

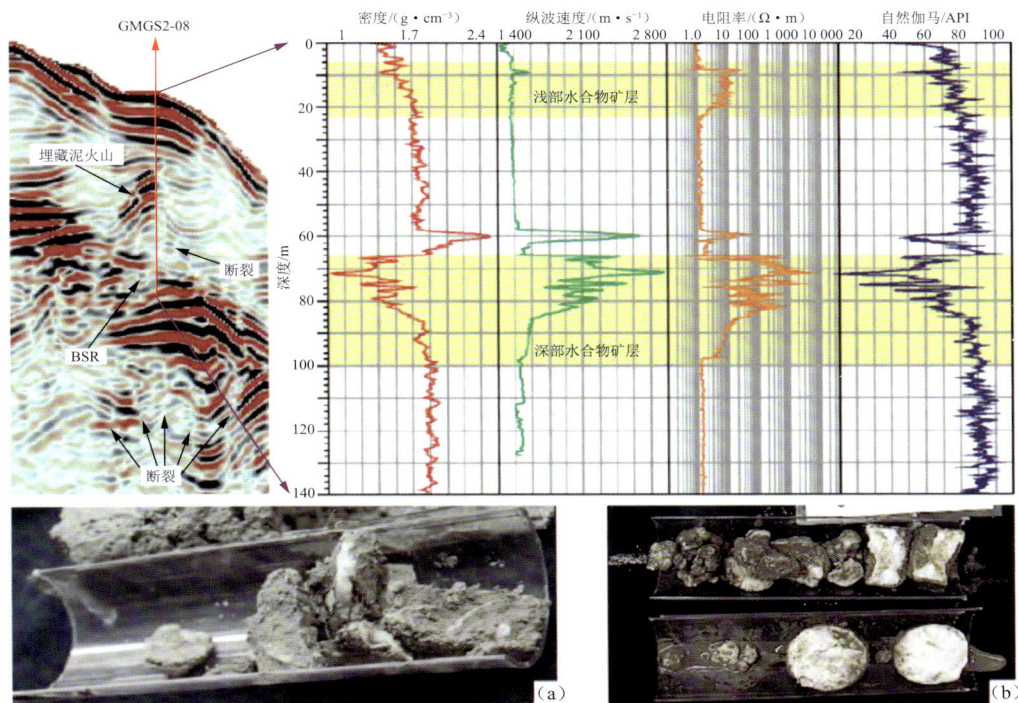

图 1-10 珠江口盆地 GMGS2-08 钻井的测井曲线及获得的水合物样品

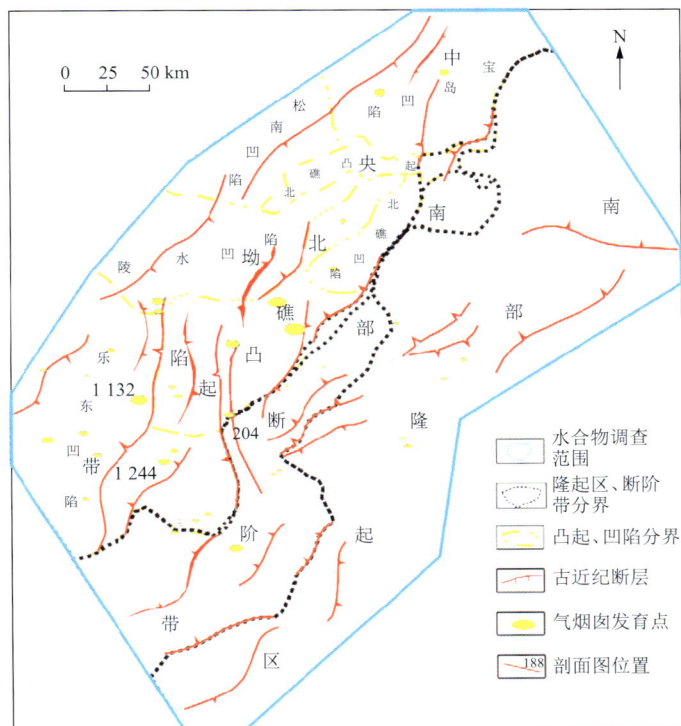

图 1-11 琼东南盆地天然气水合物成藏构造要素图

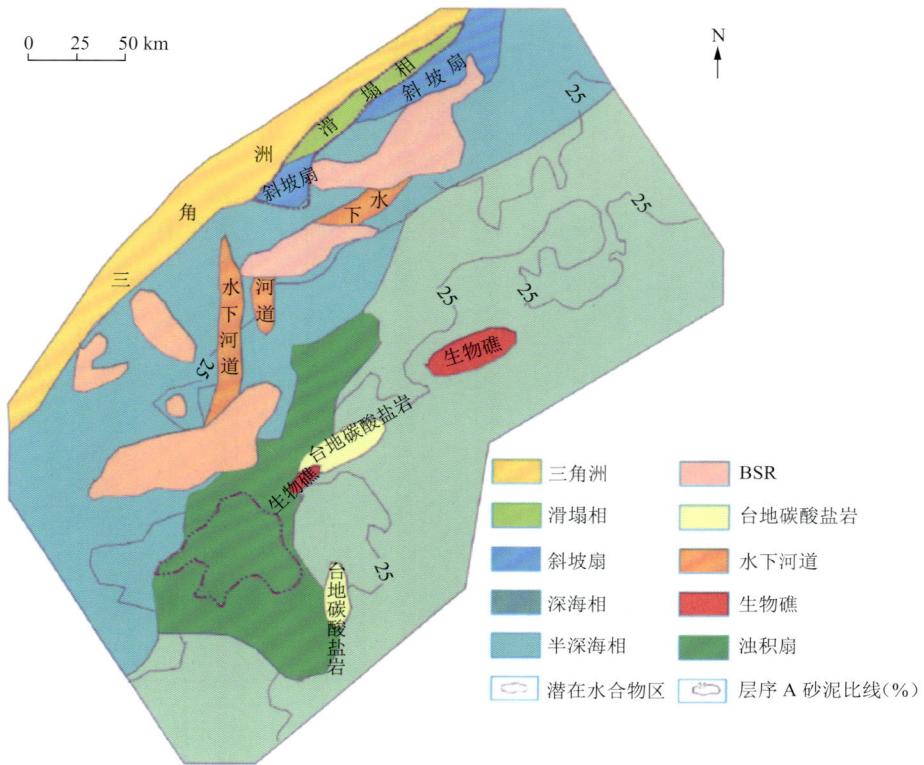

图 1-12　琼东南盆地水合物稳定带沉积相图

图 1-13　琼东南海域水合物样品

1.4.2 我国东海天然气水合物资源分布

东海是由中国、日本岛、朝鲜半岛和琉球群岛围绕的海域。与其他海域相似,东海海域也可以划分为 3 个部分:陆架区、陆坡区和冲绳海槽区。其中,陆坡区和冲绳海槽区是欧亚陆壳与太平洋陆壳的过渡地带,由倾斜带、海槽、岛弧和弧前斜坡组成。冲绳海槽盆地为新近纪沉积盆地,盆地西部陆架前缘坳陷,盆地东部海槽坳陷,盆地北部和中部隆起。东海海域的地质构造经历了晚中生代拉张期、古近纪拉张期和第四纪快速沉降期,形成了现在割裂的几个盆地。这种构造的特点是盆地面积大、沉积厚度深、构造规模大、局部构造多、发育时间长。这种构造使得东海具备了生油、聚集油气、成矿的条件。

研究者从温度、热流以及压力条件等方面研究了东海及邻近海域气体水合物的分布范围,经过初略的温度-压力条件分析,认为在冲绳海槽、琉球海沟和菲律宾海盆的浅部所具有的温度-压力条件都能使气体水合物稳定存在。目前,我国已发现东海存在水合物的证据,但其资源量尚需进一步调查。

1.4.3 我国冻土带天然气水合物资源分布

除了海洋中的天然气水合物资源外,我国青藏高原的多年冻土区也有可能赋存相当可观的天然气水合物。青藏高原地处中纬度地区,高原温度东、南高,西、北低,有 3 个低温中心,分别是中部羌塘—可可西里低温中心、东部巴颜喀拉中心、南部喜马拉雅中心。其中,前两个中心,特别是羌塘—可可西里低温中心,气温低,全年霜冻时间长,中心大部分地区的霜冻期在 330 d 以上。

西藏地区具有多年冻土带分布广泛、有油气生成条件等特征,具备天然气水合物形成的必要条件。根据陆上水合物形成、保存条件,结合高原地质条件,研究者们认为,在西藏的海相盆地中,羌塘盆地是天然气水合物形成的有利部位。首先,羌塘地区物源丰富,生油层分布广、厚度大,为天然气水合物的形成提供了必要的物质来源。其次,羌塘位于西藏北部,是青藏高原 3 个低温中心中温度最低的一个中心的所在地,年平均气温低于 -6 ℃,为天然气水合物的形成提供了温度条件。另外,羌塘地势平坦,基本上处于永久冻土区的范围内,多年冻土带连续成片,是我国规模最大、厚度最大的冻土分布区之一,为天然气水合物的形成提供了遮挡层和所需的压力。羌塘盆地中,天然气水合物最有利的赋存部位是储集层出露区及断层通过部位,这些部位盖层破坏所造成的油气泄漏直接为水合物的形成提供烃类气源。当其上覆盖了一定厚度的多年冻土层之后,由于其本身的自重、低温和强度,会在冻土层深部、下伏基岩中形成一个相对稳定的低温、高压区域,当有适当的物质供应时就会在此区域,特别是冻土层和下伏基岩交界面附近形成天然气水合物层。此外,青藏高原多年冻土区还包括阿尔金山—祁连山高山多年冻土区、青南山原和东部岛状多年冻土区、念青唐古拉山和喜马拉雅山高山岛状多年冻土区,它们都有可能赋存天然气水合物。

青藏高原多年冻土带平均温度−0.5～3 ℃(图 1-14),冻土层地温梯度 11～33 ℃/km,实测冻土厚度 10～175 m,计算厚度达 700 m(图 1-15)。有关资料表明,青藏高原的地理位置、地质结构和气候环境具备了气体水合物形成的条件,青藏高原很有可能成为我国未来的能源战略基地(图 1-16)。

文献资料表明,2010 年前我国在青海木里三露天地区钻探获得天然气水合物样品(图 1-17)。根据实测数据分析,三露天冻土层底界深度约为 115 m,发现天然气水合物均产于 133 m 之下,即天然气水合物位于冻土层底界 18 m 之下。天然气水合物主要赋存于中侏罗统江仓组上段,即含油页岩段,其次为江仓组下段,主要包括细砂岩、泥质粉砂岩、泥岩和油页岩等(图 1-18),且以岩石裂缝储集为主。

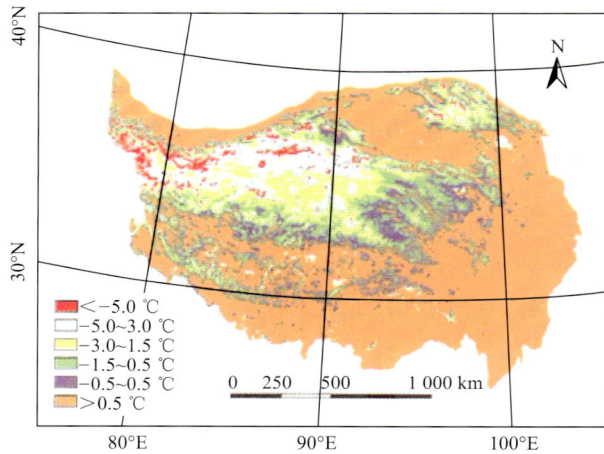

图 1-14 青藏高原多年冻土带地温分布

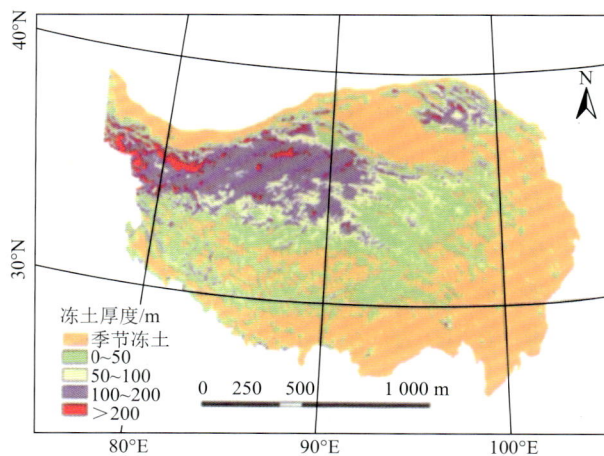

图 1-15 青藏高原多年冻土厚度分布

16

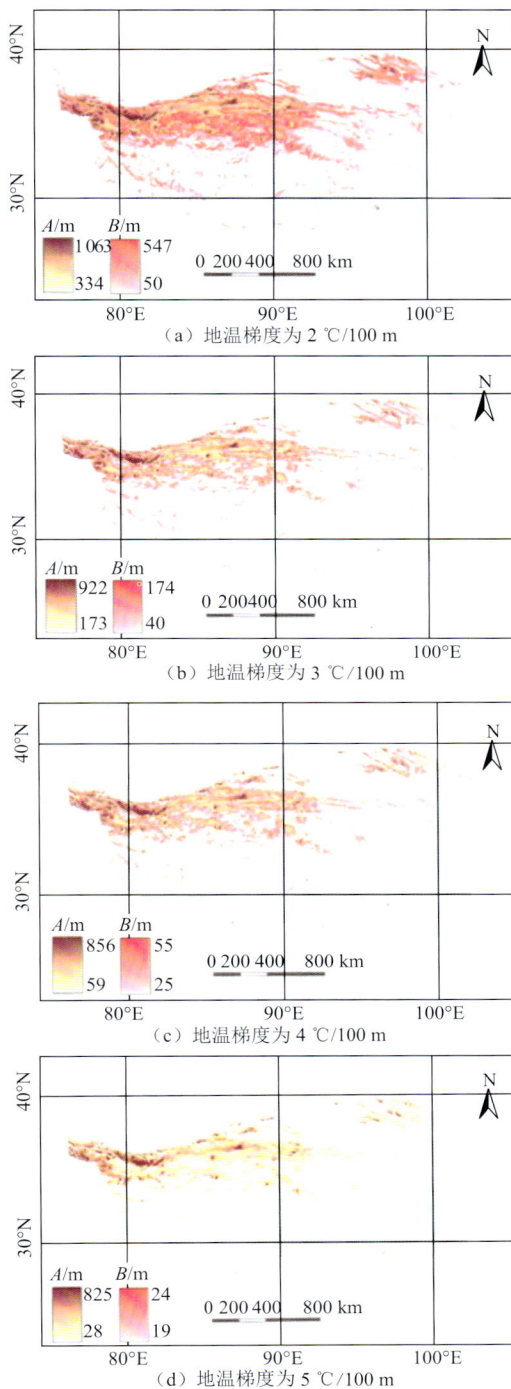

（a）地温梯度为 2 ℃/100 m

（b）地温梯度为 3 ℃/100 m

（c）地温梯度为 4 ℃/100 m

（d）地温梯度为 5 ℃/100 m

图 1-16　不同温度梯度下青藏高原天然气水合物可能分布区域

A 表示顶界在多年冻土层内、底界在冻土层下水合物层的厚度范围；

B 表示顶界和底界都在多年冻土层之下水合物层的厚度范围

图 1-17　木里天然气水合物样品

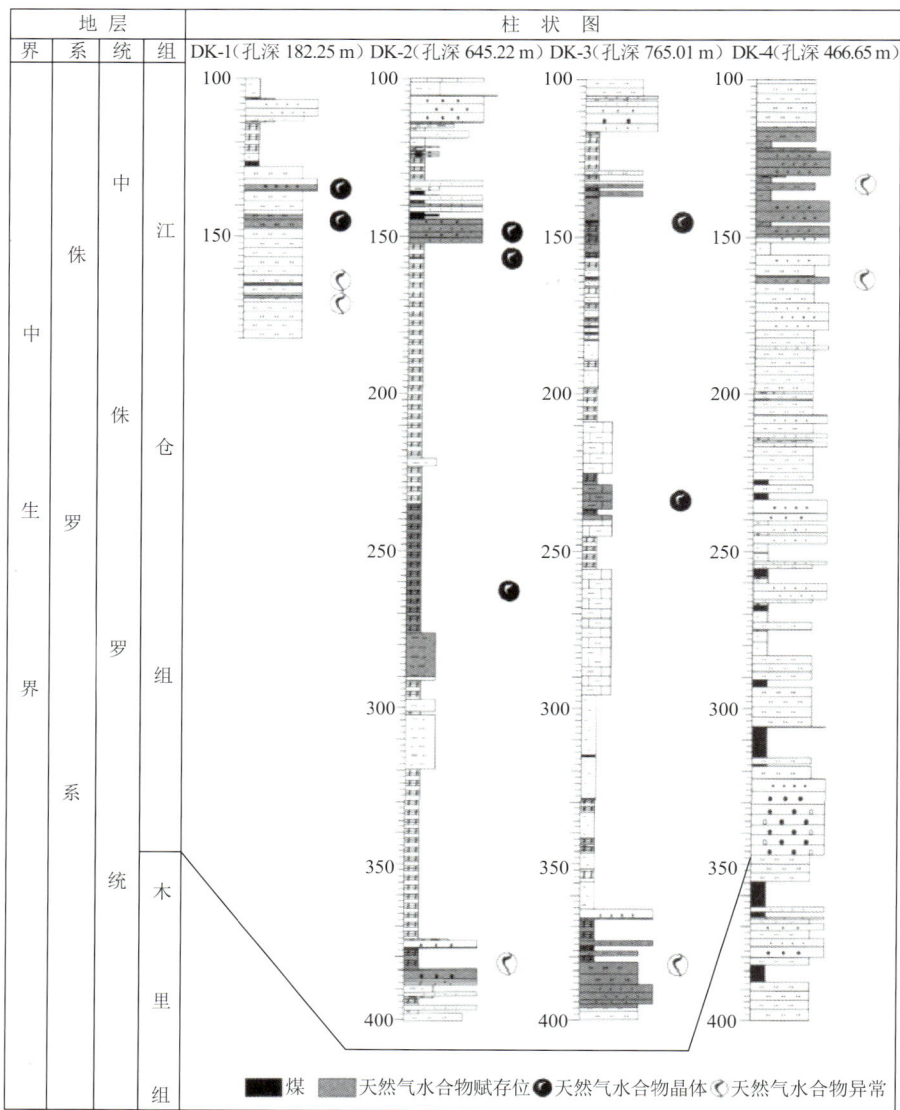

图 1-18　木里天然气水合物科探井 DK-1~DK-4 井天然气水合物主要分布层位图

三露天矿区面积为 11 km²，占木里煤田总面积(7 600 km²)的 0.145%。据估算，三露天矿区形成天然气水合物的天然气资源量约为 4×10^8。

鉴于天然气水合物资源量的巨大潜力，2014 年国务院办公厅发布的《关于印发能源发展战略行动计划(2014—2020)的通知》指出："积极推进天然气水合物资源勘查与评价。加大天然气水合物勘探开发技术攻关力度，培育具有自主知识产权的核心技术，积极推进试采工程。"2017 年，我国首次成功实施海域天然气水合物试采，天然气水合物被列为我国第 173 个矿种。2018 年，我国提出我国天然气水合物勘查开发正进入世界先进行列，应加大研究力度。

据专家分析，21 世纪世界油气工业可能存在"三大革命"，分别是 2000 年的页岩气革命、2030 年的页岩油革命和 2050 年的天然气水合物革命，因此推进天然气水合物勘探开发是保障我国天然气绿色能源可持续供给的重要战略布局，对实现我国绿色能源可持续发展具有长远的现实意义和战略意义。

参 考 文 献

[1] SLOAN E D, KOH C A. Clathrate hydrates of natural gases. 3rd ed. New York: Taylor & Francis Group, 2007.

[2] 陈光进, 孙长宇, 马庆兰. 气体水合物科学与技术. 2 版. 北京: 化学工业出版社, 2019.

[3] STOLL R D, BRYAN G M. Physical properties of sediments containing gas hydrates. J. Geophys. Res. , 1979, 84: 1629-1634.

[4] HANDA Y P. Composition dependence of thermodynamic properties of Xenon hydrate. J. Phys. Chem. , 1986, 90: 5497-5498.

[5] HANDA Y P. Calorimetric determination of the composition, enthalpies of dissociation, and heat capacities in the range 85 to 270 K for clathrate hydrates of Xenon and Krypton. J. Chem. Thermodyn. , 1986, 18: 891-902.

[6] HANDA Y P. Compositions, enthalpies of dissociation, and heat capacities in the range 85 to 270 K for clathrate hydrates of methane, ethane and propane, and enthalpy of dissociation of isobutene hydrate, as determination by heat-flow calorimeter. J. Chem. Thermodyn. , 1986, 18: 915-921.

[7] HANDA Y P, TSE J S. Thermodynamic properties of empty lattices of structure Ⅰ and structure Ⅱ clathrate hydrates. J. Phys. Chem. , 1986, 90: 5917-5921.

[8] RIPMEESTER J A, TSE J S, RATCLIFFE C I, et al. A new clathrate hydrate structure. Nature, 1987, 325: 135-136.

[9] RIPMEESTER J A, RATCLIFFE C I. 129Xe NMR studies of clathrate hydrates: New guests for structure Ⅱ and structure H. J. Phys. Chem. , 1990, 94(25): 8773-8776.

[10] SLOAN E D, FLEYFEL F A. Molecular mechanism for gas hydrate nucleation from ice. AIChE, Journal, 1991, 37(9): 1281-1292.

[11] DAVIDSON D W, GARG S K, GUOGH S R, et al. Some structural and thermodynamic studies of clathrate hydrates. J. Inclusion Phenom. , 1984, 2: 231-238.

[12] DAVIDSON D W, HANDA Y P, RATCLIFFE C I, et al. The ability of small molecules to form clathrate hydrates of structure Ⅱ. Nature, 1984, 311: 142-143.

[13] CADY G H. Composition of gas hydrates. J. Chem. Educ. , 1983, 60(11): 915-918.

[14] ENGLEZOS P，BOSHNOI P R. Gibbs free energy analysis for the supersaturation limits of methane in liquid water and the hydrate-gas-liquid water phase behavior. Fluid Phase Equilib.，1988，42：129-140.

[15] MAKOGON Y F. Hydrates of hydrocarbons. Oklahoma：Penn Well books，1997.

[16] MILKOV A V. Global estimates of hydrate-bound gas in marine sediments：How much is really out there. Earth-science Reviews，2004，66：183-197.

[17] 杨木壮，吴琳，何朝雄，等.国际海洋矿产研究新进展.海洋地质动态，2002，18(9)：17-21.

[18] 李常茂，耿瑞伦.关于天然气水合物钻探的思考.探矿工程(岩土钻掘工程)，2000(3)：5-8.

[19] GINSBURG G D，SOLOVIEV V A. Submarine gas hydrate estimation：Theoretical and empirical approaches. Proceedings of Offshore Technology Conference，Houston，TX，1995，1：513-518.

[20] CLAYPOOL G E，PRESLEY B J，KAPLAN L R. In initial report of the deep sea drilling project. Washington：Government Printing Office，1973.

[21] KVENVOLDEN K A. Worldwide distribution of subaquatic gas hydrate. Geo-Marine letters，V B，1993：21-40.

[22] 姚伯初.南海北部陆缘天然气水合物初探.海洋地质与第四纪地质，1998，18(4)：11-18.

[23] LUDMANN T，WONG H K. Characteristics of gas hydrate occurrence associated with mud diapirism and gas escape structures in the north-western sea of Okhotsk. Marine Geology，2003，201(4)：269-286

[24] 张振国，方念乔，高连凤，等.气体水合物在海洋中的分布及其赋存区域的海洋地质特征.资源开发与市场，2006，22(4)：337-340.

[25] 朱秋格.天然气水合物——21世纪的潜在能源.特种油气藏，2004，11(1)：5-8.

[26] 祝有海，吴必豪，卢振权.中国近海天然气水合物找矿前景.矿床地质，2001(2)：174-180.

[27] 杨文达，陆文才.东海陆坡—冲绳海槽天然气水合物初探.海洋石油，2000(4)：23-28.

[28] 陈多福，姚伯初，赵振华，等.珠江口和琼东南盆地天然气水合物形成和稳定分布的地球化学边界条件及其分布区.海洋地质与第四纪地质，2001(4)：73-78.

[29] 姚伯初.南海的天然气水合物矿藏.热带海洋学报，2001(2)：20-28.

[30] 栾锡武.琉球沟弧盆系的海底热流分布特征及冲绳海槽热演化的数值模拟.海洋与湖沼，1997，28(1)：44-48.

[31] 王淑玲，孙张涛.全球天然气水合物勘查试采研究现状及发展趋势.海洋地质前沿，2018，34(7)：24-31.

[32] 宣之强，李钟模，吴必毫，等.天然气水合物新能源简介——对全球试采、开发和研究天然气水合物现状的综述.化工矿产地质，2018(40)：48-52.

[33] 于兴河，付超，华柑霖，等.未来接替能源——天然气水合物面临的挑战与前景.古地理学报，2019，21(1)：107-126.

[34] 杨志力，王彬，李丽，等.南海西沙海域天然气水合物识别与分布预测.重庆科技学院学报(自然科学版)，2019(21)：33-38.

[35] 王慧娟.基于文献计量的21世纪战略资源发展动态研究.农业图书情报学刊，2017，29(8)：66-71.

[36] 杨楚鹏，刘杰，杨睿，等.北极阿拉斯加北坡盆地天然气水合物成矿规律与资源潜力.极地研究，2019，31(3)：309-321.

[37] 苏明，沙志彬，乔少华，等.南海北部神狐海域天然气水合物钻探区第四纪以来的沉积演化特征.地球物理学报，2015，58(8)：2975-2985.

［38］ 张光学,梁金强,陆敬安,等.南海东北部陆坡天然气水合物藏特征.天然气工业,2014,34(11):
1-10.

［39］ 沙志彬,梁金强,苏丕波,等.珠江口盆地东部海域天然气水合物钻探结果及其成藏要素研究.地
学前缘,2015,22(3):125-135.

［40］ 龚跃华,杨胜雄,王宏斌,等.琼东南盆地天然气水合物成矿远景.吉林大学学报(地球科学版),
2018,48(4):1030-1042.

［41］ 孙春岩,吴能有,牛滨华,等.南海琼东南盆地气态烃地球化学特征及天然气水合物资源远景预
测.现代地质,2007,21(1):95-100.

［42］ 黄朋,潘桂棠,王立全,等.青藏高原天然气水合物资源预测.地质通报,2002,21(11):794-798.

［43］ 库新勃,吴青柏,蒋观利,等.青藏高原多年冻土区天然气水合物可能分布范围研究.天然气地球
科学,2007,18(4):588-592.

［44］ 曹代勇,刘天绩,王丹,等.青海木里地区天然气水合物形成条件分析.中国煤炭地质,2009,21
(9):3-6.

第二章
天然气水合物开采方法和试采案例总结

随着人们对天然气水合物研究的不断深入，天然气水合物的勘探技术日趋完善。但是如何把天然气从水合物中开采出来，至今还没有成熟的方案，有些开采方案只是概念模式，其开发技术和工艺还只停留在理论和实验阶段，有些开发技术已在现场得到了试采验证，但实践证明尚存在很多问题需要解决。此外，天然气水合物的不合理开发可能导致全球性的气候灾难。因此，如何解决天然气水合物开采的安全性、有效性和经济性问题，将是我们面临的最大挑战。本章介绍天然气水合物的主要开采方法和已现场实施的试采案例，以期为天然气水合物的开发研究提供借鉴。

2.1 天然气水合物开采方法

目前研究较多的天然气水合物开采方法主要包括降压法、注热法、注剂法、CO_2置换法和固态流化法等，这5种方法都已进行了现场试采技术验证。除此之外，部分研究者还提出了一些其他概念性的方法如部分氧化法等，目前还处于概念或室内研究阶段。各种天然气水合物开采方法的主要原理和进展介绍如下。

2.1.1 降压法

降压法开采天然气水合物藏原理如图 2-1 所示，主要通过降低天然气水合物沉积层的压力来促使天然气水合物分解。开采过程中，通过控制压力，使井底压力低于地层温度下水合物的平衡压力，使水合物分解，分解出的气体由井筒采出，分解出的水经过分离等措施进行其他处理。

在降压法开采中，由于天然气水合物气藏中没有热源，因此天然气水合物分解所需要的热量必须从周围的环境中获得，而从周围环境中获得热量的速率决定着天然气水合物的分解速率。天然气水合物分解消耗热量，导致降压过程中温度也降低，当地层温度降低到井底压力对应的平衡温度附近时，天然气水合物便失去了分解的推动力，不再分解。因此，只有当存在较大的传热面积和分解面积时，或者储层具有合适的温度和传热

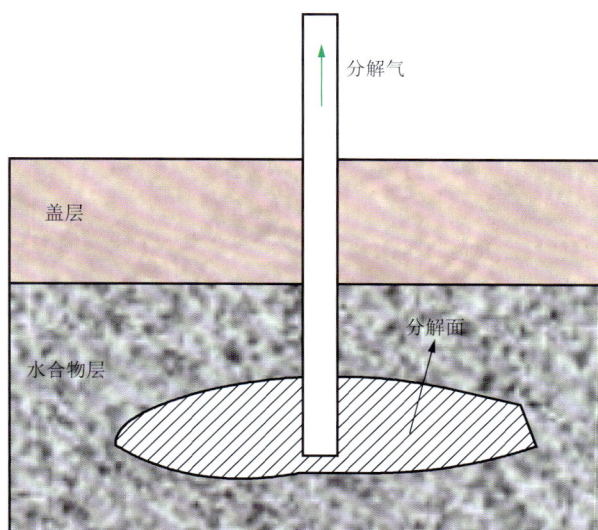

图 2-1　降压法开采原理示意图

效果时,降压法才具有开采天然气水合物的潜力。降压法的最大特点是不需要连续激发,因而被认为是最经济的开采方法,也是目前天然气水合物试采使用最多的一种方法,可能成为今后大规模开采天然气水合物的有效方法之一。

降压法已经在加拿大西北部地区的 Mallik 油田、日本海南海海槽和我国南海 3 个地区进行了数次现场试采试验验证,取得了一定的采气效果,表明降压法可能是一种可行的开采方法。

如果天然气水合物藏下方存在浅层气或常规油气藏资源,则建议的开采方案是钻井穿过含天然气水合物的地层至常规油气藏层,先采出常规天然气,待产量降低后降低开采压力,使上方的天然气水合物分解,分解出的天然气补充给常规油气藏。通过控制天然气的采出速度可以控制储层压力,进而控制地层水合物的分解速率。

根据降压法开采机理,部分研究者对降压法开采天然气水合物藏进行了实验研究。Kamata 等在岩芯夹持型压力容器中合成了甲烷水合物沉积物样品,研究了其降压分解的情况,发现一侧降压时甲烷水合物沉积物样品内迅速达到压力均衡,样品温度降至分解压力对应的平衡温度,待甲烷水合物分解完后,样品温度又逐渐升至环境温度。此外,压降越大,分解气和水的产出速率越大。

2006 年,Sun 和 Chen 测量了各种温度、压力条件下甲烷水合物降压分解时的动力学数据并建立了相应的分解模型。结果表明,当甲烷水合物的温度高于 273.15 K 时,分解速率由分解动力学控制;当水合物的温度低于 273.15 K 时,分解速率由气体扩散速率控制。但由于设备尺度效应,这种室内研究结果与现场情况可能有一定的差异。

为了解决设备尺度带来的影响,研究者们不断扩大设备尺寸,目前天然气水合物开采模拟装置容积已经从数升扩建到了 2 000 多升,但尺度效应依然存在。由于实验设备尺寸的局限性和高压实验条件导致的密闭性,实验人员很难直接观察到天然气水合物藏的分解状况,只能根据实验测量的局部温度、压力数据推测天然气水合物的分解机理。同时,由于数值模拟研究的方便和适应性,天然气水合物藏开采的模型研究得到了极大的发展。国内外已经研制出一系列天然气水合物开采的数学模型,包括解析模型和数值模型,从一维到三维,从单相到多相,随着对天然气水合物研究的不断深入,模型也越来越完善。

1990 年,Yousif 等针对多孔介质中降压法分解天然气水合物进行了模型研究,但模型未考虑分解动力学的影响。在随后的改进模型中,Yousif 等在模型中结合了动力学因素。

Goel 等在 2001 年提出一个天然气水合物区块开采分解模型,该模型结合水合物-气体分解界面的面积大小、分解动力学以及气体扩散速率,建立了一个 n 阶分解速率方程。

1997 年,Makogon 综合前人的研究,考虑多孔介质中的热传导,结合对流传热和节流效应,利用能量平衡方程描述了多孔介质中天然气水合物分解时的温度和压力变化状况,但模型没有考虑水合物的分解动力学。同时,Makogon 等提出水合物藏降压分解为界面分解过程,认为在天然气水合物藏的降压开采过程中,钻井导致的压力降波及范围很小,只有靠近井壁的较薄的一层水合物才能分解,这种薄层形成一个分解界面,把整个天然气水合物藏分为两部分(一部分为靠近井壁的分解后的气相区,另一部分为未分解的水合物藏区),且分解界面随着开采过程的进行不断向水合物区推进。

2001 年,Ji 等根据 Makogon 提出的降压法开采天然气水合物藏机理,进一步进行了降压法的模拟研究。模型采用与傅里叶传热方程类似的方式描述降压过程中的压力分布,同时采用连续性方程描述天然气水合物分解过程中各相的变化状况,最后根据 Kim-Bishnoi 水合物分解动力学方程计算天然气水合物藏的产气速率。但该模型没有考虑天然气水合物藏分解过程中的热量传递,认为整个分解过程中天然气水合物藏温度保持不变。但实际上,水合物的分解过程为吸热过程,降压开采过程中需要从水合物藏周围的岩石吸收大量的热量,导致整个水合物区域的温度发生变化,从而影响水合物的分解速率。2004 年,Ahmadi 等对模型中的这一缺陷进行了改进,主要补充了热量平衡方程,计算分解过程中水合物藏的温度变化。2007 年,Ahmadi 等又将这一降压开采模型从一维扩展到了三维,进一步提高了模型的实用性。

2003 年,Moridis 等在 TOUCH2 热能模拟软件的基础上提出了 EOSHYDR2 模块。EOSHYDR2 既包括天然气水合物形成和分解的平衡模型,又包括 Kim-Bishnoi 动力学模型。他们将多组分、多相流体和热流动的模拟模型组合在一起,利用该组合模型能模拟几乎所有不同性质的天然气水合物分解机理及不同开采方式下天然气水合物藏的开采动态。目前,已有很多学者利用 TOUGH2 软件针对实际水合物藏性质进行模拟计算,分析其开采规律。EOSHYDR2 模块加入数模软件 TOUGH2 后形成的新模型被认为是目前国内外天然气水合物藏开采计算的最佳模型。

2005 年,Sun 等从另一个角度进行了降压法开采水合物藏模型研究,主要思路来源于石油开采中的黑油模型,采用连续性方程描述分解过程中水合物藏的压力及各相态变化状况,通过热量平衡方程计算分解过程中水合物藏的温度变化,最后根据 Kim-Bishnoi 动力学方程计算天然气水合物的分解速率。这种模型控制方程的建立思路得到了很多研究者的认可,不仅在降压法开采模型研究中,而且在后面的研究进展中,以及在注热法和注剂法的模型研究中被广泛使用,很多模型都是在这一控制方程的基础上改进得到的。

日本研制的 MH21-HYDRES 软件是一个组分模拟器,考虑了甲烷、水、甲醇和盐的质量平衡方程和能量平衡方程,后来又在该软件中添加了渗透率模型,并与实验结果进行比较验证。此后,利用此软件以日本海域的水合物藏作为现场实例进行研究,讨论了甲烷水合物开采的经济可行性以及面临的挑战。

中国海油对天然气水合物的发展一直保持着密切的关注并进行了长期的研究,自主研发了一套水合物多方法开采数值模拟模型,能够较好地预测天然气水合物藏的降压开采过程。

此外,Hong 等提出的模型预测了海底管道堵塞时降压分解水合物所需要的时间;Davies 等利用一维热传递模型预测了工业管道堵塞中采用两端降压法分解水合物时的分解速率,Alp 等建立模型预测了降压法开采水合物时气体的产生速率。

在部分降压法分解模型中,天然气水合物藏的分解基本被看作界面移动过程,移动的界面把水合物藏分成未分解区和分解区两部分。然而,部分研究认为,由于天然气水合物藏中气体和水的存在,压力的变化会从分解界面传递到整个天然气水合物藏,所以分解反应不只是发生在界面处,而是发生在整个天然气水合物藏。因此,这种界面移动的假设是不对的。2007 年,Gerami 和 Pooladi-Darvish 建立了一个水合物分解模型,预测了分解反应发生在整个天然气水合物藏时气体的产生速率。该模型把分解过程分为两个不同的阶段——非平衡阶段和随后的平衡阶段。模拟结果表明,在不同的分解阶段,气体的产生速率由不同的影响因素控制。实际过程中,天然气水合物的分解只发生在某个界面还是发生在整个区块,主要取决于该水合物区块的构造特性,不能一概而论。

天然气水合物开发模型研究后期逐渐走向综合,上述部分模型不仅可用于降压法开采水合物模拟研究,也可用于注热/注剂等方法。

与注热法和注剂法相比,降压法开采天然气水合物藏无热量消耗,其特点是简单易行,无须增加设备,经济性较好,是天然气水合物藏开采的首选方法,适用于大规模的天然气水合物资源开发。降压法开采通常适用于高渗透率的天然气水合物气藏,但如果天然气水合物藏气体中含有 C_{3+} 组分,则其平衡压力会显著降低,需要较大的压降才能使水合物分解。同时,由于天然气水合物分解是吸热反应,水合物快速分解容易使地层局部温度降低至平衡温度附近,阻碍水合物的继续分解,需要采取有效的促进传热的方法,这就使得降压法的应用受到了一定的局限。此时,注热法成为一个比较好的选择,受到了众多研究者的重视。

2.1.2　注热法

注热法是通过加热来提高局部地区天然气水合物的温度,使其偏离平衡条件,从而分解释放出天然气。注热法开采原理如图 2-2 所示。该方法与降压法的主要区别在于,降压法钻井后不注入热量,而注热法在钻井后通过注入热流体或放置加热源的方法对含天然气水合物的地层进行加热,提高天然气水合物藏局部温度,破坏水合物的相平衡条件,使天然气水合物分解。

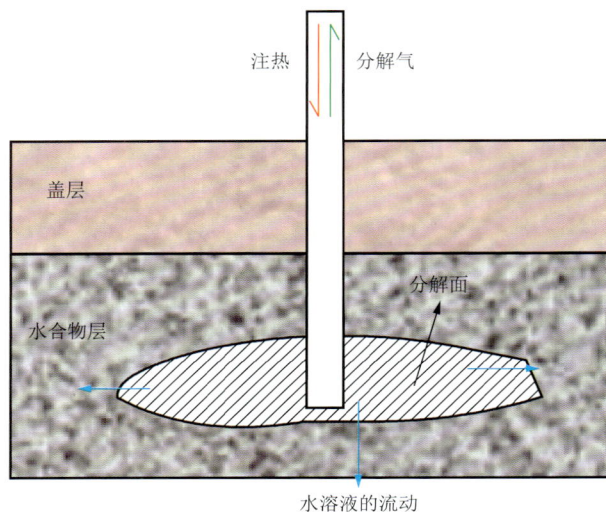

图 2-2　注热开采法原理示意图

　　注热的方式可以多种多样,目前研究较多的主要包括注蒸汽开采法、注热水开采法、地下燃烧法、井下电磁加热法和微波加热法等。每一种注热方法都有其优点和缺点,研究进度也不一致,如微波加热法等还处于概念和室内探索阶段,注热水法已得到现场试采验证。目前,注热水开采被认为是具有一定的应用前景且研究较多的一种注热方法,但考虑到海上注热水的损失较大,注热水法更适用于陆上冻土地带水合物的开采。

　　目前注热法采用的加热方式主要还是注入热流体,其基本流程如下:热流体从井口注入管柱,从射孔孔眼进入水合物目的层后加热水合物,促使水合物分解;分解产生的气体、水以及注入的热流体等形成的混合流体从管柱及井筒的环形空间返到地面;在高压分离器和低压分离器中依次进行气液分离,产生的气体可以进行回收;气液分离后的液体被加热和加压,重新注入井底,实现循环注热法开采。注入热流体的温度应控制在一定范围内以减少热损失,但又要达到一定温度以保证在实际可能的热流体注入速度范围内得到具有经济效益的产气量。为了避免过多的热损失和过高的注入速度,推荐的热流体温度为 65～120 ℃。

　　大部分注热法开采天然气水合物的模型都是在降压法模型的基础上,进一步考虑外部注入热量对天然气水合物藏分解的影响而形成的,具体表现为在降压法模型的热量平衡方程中加入外部注热速度项(即注热法开采模型),如 2000 年 Tsypkin 提出的水合物加热分解数值模型。Tsypkin 模型关联了分解过程中的热量和质量传递因素,且提到了天然气水合物分解过程中冰相的产生,但模型没有考虑水合物的分解动力学。

　　2002 年,Masuda 等提出的注热法开采天然气水合物藏模型中充分考虑了热量的传递、气液相的渗流和水合物的分解动力学。此后,其他注热法开采模型也基本延续了这种思路,只是在黑油模型的基础上考虑的影响因素更全面,或根据研究者自己的实验设备特点忽略一些影响较小的因素,对另外某些因素进行重点考虑。

相较于降压法,注热法的主要缺点是开采效率较低。因为注热法需要在降压法的基础上注入外部热量,且部分注入热量用于加热注入井周边的岩石层,特别是在永久冻土地带,即使采用绝热管道,冻土层也会降低传递给天然气水合物藏的有效热量。

为了解决注热法的热量损失问题,俄罗斯科学家曾提出将热流体注入水合物稳定带底部,使热量向上传导,从而提高热量的利用效率。俄罗斯科学家还提出一种利用地层热水加热水合物层的思路,即抽取水合物稳定带以下地层中温度较高的地层水至水合物层,利用地热资源加热水合物层,使天然气水合物分解,但目前这种方案仍处于理论探讨层面。

总体而言,注热法也是目前研究较多的一种天然气水合物藏开采技术,至今已提出多种注热方式,但这些方式在应用时各有优点和不足。例如,注入蒸汽在薄水合物藏区域的热损失很大,只有在厚段水合物藏区域才有较高的热效率;注入热水的热损失较注入蒸汽的小,但水合物藏空隙率限制了该方法的使用;采用水力压裂工艺可以改善水的注入率,但由于连通效应,又将产生较低的传质效率;电磁加热法和微波加热法目前只存在于少数研究者的设想中。相对而言,注热盐水开采水合物藏技术效果较好,盐水具有抑制水合物生成的作用,在采气过程中不会出现水合物二次生成而诱发孔隙堵塞和井眼堵塞等问题。为提高热效率,应尽量提高含盐度,使用饱和或超饱和盐水。若采用地热层的热盐水,地热层的温度便是盐水温度的上限。地热层盐水温度一般为 121～204 ℃。由于盐水对水合物生成具有抑制效果,所以这种注热盐水法实际上相当于注剂法开采。

2.1.3　注剂法

注剂法开采天然气水合物藏原理如图 2-3 所示,即在钻井的基础上通过注入化学抑制剂改变水合物的平衡条件,从而达到开采天然气水合物藏的目的。注剂法与注热水法在水合物藏开采的宏观表现(如气液流动)上基本相同,其主要区别在于注剂法和注热水法促使水合物分解的微观作用机理不同。注热水法是通过注入热水来改变天然气水合物藏的温度,使水合物在自身性质不变的情况下偏离平衡条件而分解,而注剂法则主要通过注入化学剂来改变水合物自身的性质,具体为在温度相同的条件下提高水合物的平衡压力或在压力相同的条件下降低水合物的平衡温度,从而达到分解水合物的目的。这是因为在相同的温度下,含化学剂的水合物体系的平衡压力比不含化学剂的水合物体系的平衡压力更高。

目前研究较多的化学剂有盐水、甲醇和乙二醇等。相对而言,甲醇的作用效果好于乙二醇,如在 Messoyakha 气田水合物藏的开采初期,在两口井底部层段注入甲醇后其产量增加了 6 倍,但是甲醇的毒性使其在很多地区的使用受限。

研究者们对注剂法开采水合物藏进行了实验和模型研究。研究结果表明,水合物的分解速率与化学剂种类、注入浓度、注入压力和温度有关。一般而言,水合物藏的产气速率随着化学剂注入速率和注入浓度的提高而提高。

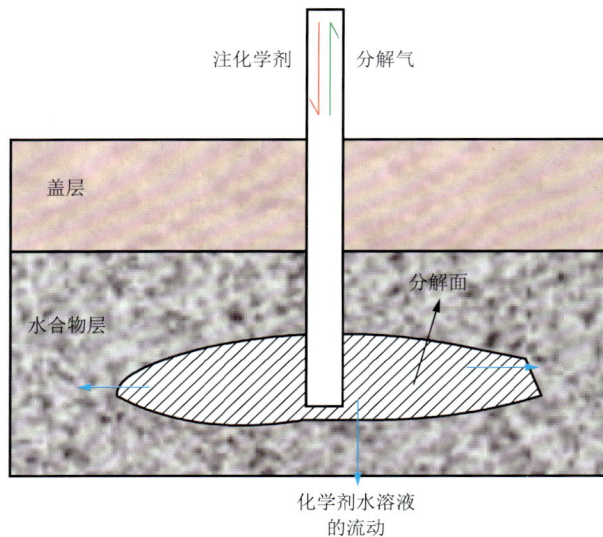

图 2-3 注剂法开采原理示意图

注剂法的模型研究基本延续了降压法和注热法的模型建立思路,其主体控制方程也来源于黑油模型。同时,由于注剂法与注热法开采天然气水合物藏的宏观规律基本相同,甚至相对于同一水合物藏而言,注入液在水合物藏中的流动状况也可能基本相同,因此注剂法开采水合物藏模型与注热法模型有很多相似之处,其最大的区别在于,注热法是通过模型中的热量平衡方程的外部注热速率项显示自己的影响,而注剂法则是通过影响模型中的 Kim-Bishnoi 水合物分解动力学方程中的分解推动力来显示自己的影响。

当然,与降压法开采天然气水合物藏模型类似,注剂法开采天然气水合物藏模型也经历了一个逐步发展完善的过程。2002 年,Sung 等提出了注剂法开采天然气水合物藏模型,模型采用连续性方程描述水合物藏分解过程中各相的变化状况,根据 Kim-Bishnoi 动力学方程计算水合物的分解速率。但与 Ji 等最初的降压法开采水合物藏模型相似,Sung 等提出的注剂法模型没有考虑开采过程中的温度变化,认为开采过程中水合物藏的温度是保持不变的。

2008 年,Masuda 等提出了一个注剂法开采水合物藏模型,该模型除了补充完善热量平衡方程外,还考虑了冰相的产生、水合物藏分解过程中从周围岩石层吸热及化学剂的溶解热等因素,是一个较为完善的注剂法开采水合物藏模型。分析认为,化学剂在注入水合物层之前应该已配制好,其溶解热应该表现为提高了注入液的温度,而不是直接表现在水合物分解时的热量平衡方程中,但目前众多的注剂法开采水合物藏模型都没有考虑注入液的温度影响。事实上,注入液的温度很难与地底下水合物藏的温度完全相同,考虑到两者之间的温差,注剂法实际上同时包含了降压法和注热法两种开采模式。

在多数注剂法开采水合物藏模型中,没有考虑化学剂在水合物藏中的分布状况,模型中均假定化学剂的作用范围仅仅局限在注剂井筒与水合物层的交界面上。实际过程中,与注剂驱油过程类似,注剂开采水合物藏时,化学剂在地底下按照一定的规律流动,其流动状况决定了化学剂的作用范围和水合物的分解速率。

2.1.4　CO_2 置换法

CO_2 置换开发天然气水合物的依据是相同温度条件下 CO_2 的生成压力比天然气的生成压力更低,如图 2-4 所示。其置换原理是 CO_2 分子和水相中的盐作用,使得甲烷水合物的稳定性遭到破坏,甲烷水合物开始分解,CH_4 气体分子从水合物笼状结构中逃逸出来,最后 CH_4 和 CO_2 分子在水合物中重新排列,CH_4 分子从水合物表面扩散到气相主体,而 CO_2 分子进入水合物笼状结构中,形成稳定的水合物,如图 2-5 所示。

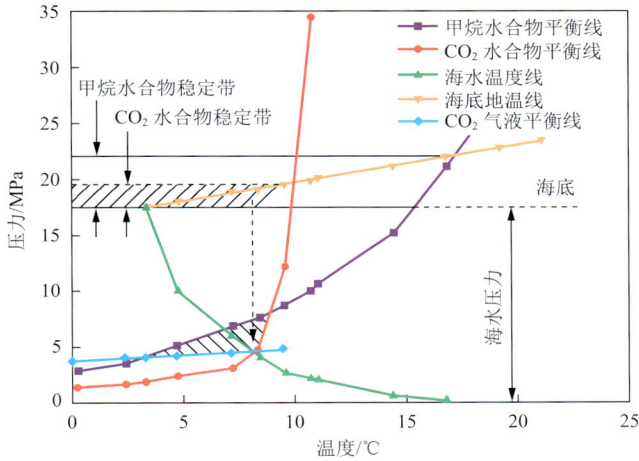

图 2-4　CO_2 置换法开采甲烷水合物相平衡图

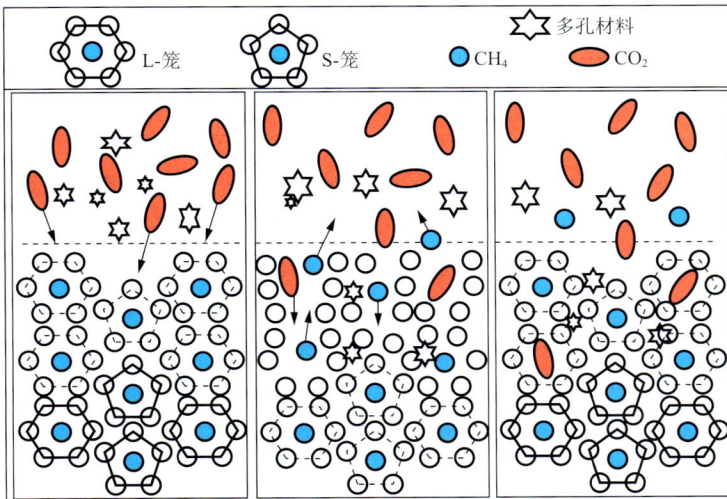

图 2-5　CO_2 置换 CH_4 原理示意图

在 CO_2 置换法中,甲烷水合物分解吸收的热量与 CO_2 水合物生成放出的热量基本相当,可以通过热量互补的形式实现甲烷水合物分解后 CO_2 水合物的生成,从而维持地层的稳定。

CO_2 置换开发天然气水合物的研究具有非常重要的意义:一方面,将空气中或工业生产产生的 CO_2 气体注入天然气水合物储层中,可以把 CO_2 以水合物的形式埋存在海底或陆地地层中,这样可以有效地减缓 CO_2 的温室效应;另一方面,CO_2 置换 CH_4 过程中可以完整地保存水合物沉积层,避免因为水合物的开采而引起的海洋地质灾害。

天然气水合物作为一种未来能源备受瞩目,国际上已经掀起了天然气水合物研究与实践的热潮。CO_2 因其是全球气候变暖的主要诱导因素同样受到科学家们的重视。在这种背景下,利用 CO_2 置换天然气水合物中的甲烷逐渐成为天然气水合物领域和 CO_2 埋存领域的研究热点之一,也是新兴研究方向之一。但应该清醒地认识到,目前 CO_2 置换法开采天然气水合物技术远未成熟,仍处于起步阶段,制约 CO_2 置换甲烷最主要的因素是置换效率问题。CO_2 在注入水合物储层之后会发生一系列的反应,包括 CO_2 与地层水、多孔介质、天然气水合物等的互相作用,形成了复杂的流体体系和水合物＋流体体系。在该体系中,CO_2 置换天然气的效率问题有待进一步研究。如果置换效率过低,就不具备工业价值,因此需要探讨能够强化置换反应的方法和技术。

2013 年,由美国能源部(DOE)、美国康菲石油公司、日本石油天然气金属矿物资源机构(JOGMEC)共同在美国阿拉斯加北坡普拉德霍湾区采用 CO_2 置换法开展了天然气水合物现场开采试验。这是首个设计用于调查研究天然气水合物藏中 CO_2-CH_4 置换潜力的现场试验工程。

2.1.5 固态流化法

目前,我国海域已经取得的水合物样品埋深都比较浅,大多埋存于海底以下几十米到 300 m 的软泥砂中,不像常规油气藏一样有致密的盖层。具有这种特征的天然气水合物用上述降压或注热等方法进行开发时存在很大的难度,诸如存在漏失、滑塌等众多问题需要解决。针对我国海域天然气水合物埋深浅、粒径小、胶结弱、压力窗口窄等特征,有研究者提出了全新的针对深水浅层几米到上百米、非成岩开采模式,即固态流化开采方法。

深水浅层天然气水合物固态流化开采的核心思想为:基于我国海洋天然气水合物埋深浅、没有致密盖层、矿藏疏松、胶结程度低、易于碎化的特点,利用其在海底温度和压力下的稳定性,采用固态开采方法,通过机械方法将地层中的固态水合物先碎化、后流化为水合物浆体,然后采用循环举升的方式经完井管道和输送管道将其举升到海面气液固处理设施,当水合物浆体进入举升管道后,外界海水温度升高,静水压力降低,水合物浆体发生自然分解并产生自举升,含天然气的水合物浆体返回到水面工程船上进行深度分解、气液固分离,从而获得天然气。其工艺流程如图 2-6 所示。

由于整个采掘过程在海底天然气水合物矿区进行,未改变天然气水合物的温度、压力条件,类似于构建了一个由海底管道、泵送系统组成的人工封闭区域,起到常规油气藏盖层的封闭作用,使海底浅层无封闭的天然气水合物矿体变成了封闭体系内分解可控的

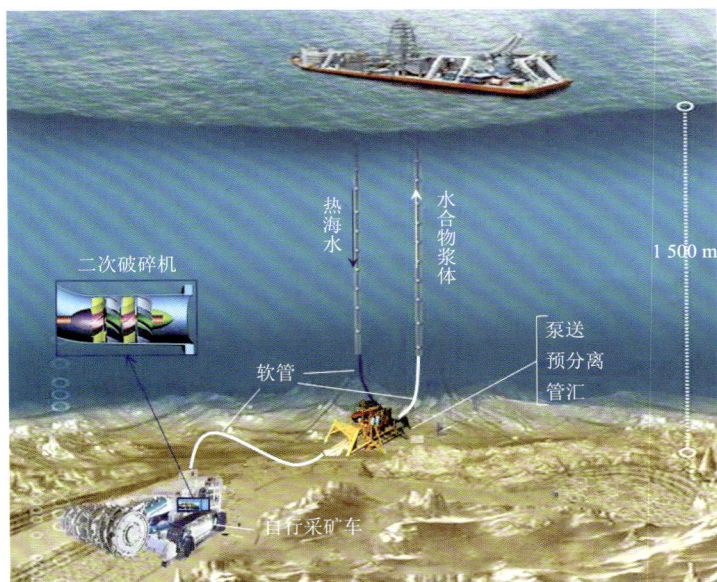

图 2-6 深海非成岩天然气水合物固态流化开采工程化示意图

人工封闭矿体,这样海底天然气水合物不会大量分解,从而实现了原位固态开发,避免了天然气水合物分解可能带来的工程地质灾害和温室效应。同时该方法利用天然气水合物在传输过程中温度、压力的自然变化,实现在密闭输送管线范围内的可控有序分解。

固态流化法开采系统基本组成包括:海底机械采掘、水合物沉积物粉碎研磨、海水引射与浆液举升、上升过程中流化开采、上部分离及液化、沉积物回填以及动力供应等单元。固态流化开采技术核心包括:

(1)原位固态开采。采掘过程中保持一定的温度和压力条件,确保海底天然气水合物矿体不分解。

(2)就地利用海水实现密闭输送。在密闭条件下进行海水引射,将采掘出的天然气水合物粉碎研磨后形成气、液、固混合物流,利用海底举升系统实现密闭输送。

(3)密闭输送管道内水合物可控分解。利用海底管道输送过程中的压力、温度变化实现部分水合物自然分解,将深水浅层不可控的非成岩水合物藏通过密闭流化举升系统变为可控的水合物资源,整个密闭输送管道系统相当于常规油气藏的盖层,从而保证生产安全,达到绿色可控开采的目的。其实质是将海底非成岩不可控的水合物藏转变为密闭管道内可控制的天然气水合物藏。

(4)输送系统内原位分解和自气举。由于立管高度、外界海水温度变化,部分天然气水合物自然分解产生气体和水,特别是水合物分解后将使气体压力增大,混合物密度降低,可实现部分水合物浆液自气举。

(5)中间泵送系统,距海平面 $400 \sim 500$ m,经过化学法或物理法将天然气水合物保持一定稳态,并最终泵送至海面相应设备。

(6)化学法稳定系统。考虑到天然气水合物从海底到海平面的压力变化较大,容易

31

出现大量汽化,需要添加甲烷稳定剂;添加了稳定剂的混合浆体泵送至海洋平台后,通过简单工艺处理完成甲烷提取。

（7）矿砂就地回填,以保持海底原貌,避免发生次生地质灾害。

（8）避免原生灾害。深水非成岩天然气水合物资源开发从根本上避免了各种环境变化等引起的水合物分解带来的地质和环境灾害。

（9）自然压井。应急情况下,可切断动力源,利用密闭输送系统内泥砂的重力沉降实现自然压"井"。

深水浅层非成岩天然气水合物固态流化开采技术策略可总结为 6 个利用:

（1）利用浅层非成岩天然气水合物的埋深浅、疏松、易于粉碎流化的地质特性;

（2）利用海底温度、压力相对稳定,天然气水合物不易分解的海床环境条件;

（3）利用从海底到地面温度自然升高、压力自然降低的自然条件（海底 2～3 ℃,水面 22～36 ℃）;

（4）利用天然气水合物与泥砂相对密度差异大,易于初步旋流分离,实现部分自动沉砂;

（5）利用表层温度较高的海水作为引射液体,起到升温分解作用;

（6）利用天然气水合物在温度升高、压力降低条件下自然解析、相变,气态举升的物理特征。

根据固态流化法的概念,结合我国南海北部陆坡海洋天然气水合物藏基本条件,中国海油研究制定了海洋天然气水合物目标勘探、钻探取样和固态流化试采一体化实施方案,并开展了自主装备的研制,同时于 2017 年 5 月 25 日,在南海北部荔湾 3 站位,依托深水工程勘察船——"海洋石油 708",利用完全自主研制技术、工艺和装备,在水深 1 310 m、水合物矿体埋深 117～196 m 处,全球首次成功实施海洋浅层非成岩天然气水合物固态流化试采（图 2-7）,在海洋浅层水合物的安全、绿色试采方面进行了创新性的探索。

图 2-7　固态流化试采实施现场

2.1.6　联合开采方法

在天然气水合物开采过程中,有时仅采用单一方法开采天然气水合物可能是不经济的,只有根据水合物藏的特点,利用不同开采原理的综合开采方法才有可能达到对天然气水合物藏经济有效的开采。比如,注热法和注剂法相结合、降压法与注热法相结合、固态流化法与降压法相结合等。部分联合开采方法的示意图如图 2-8 和图 2-9 所示。

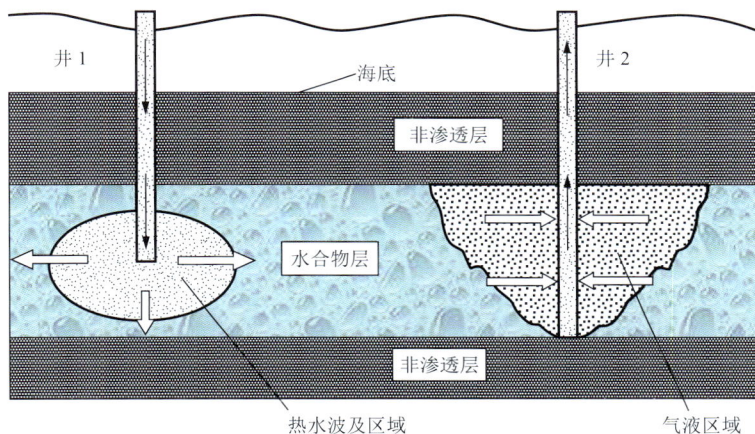

图 2-8　注热水-降压法联合开采天然气水合物藏示意图

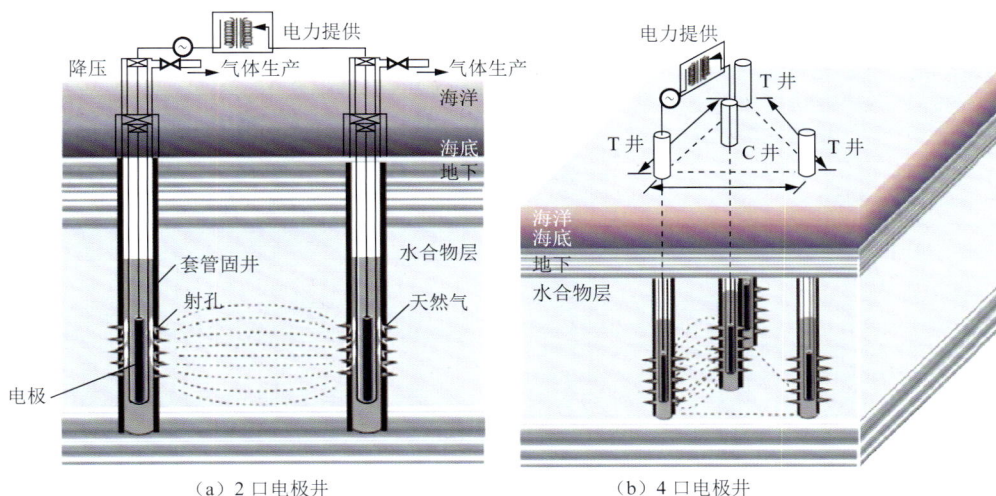

（a）2 口电极井　　　　　　　　（b）4 口电极井

图 2-9　电加热辅助降压联合开采方法示意图

很多情况下,联合开采方法是较好的方法,如既可用注热法分解天然气水合物,又可用降压法提取游离气体,还可利用注剂法降低平衡温度。研究结果表明,在一些参数条件下采用单一降压法开采水合物藏,地层中会有结冰现象,堵塞地层,影响生产;尽管注热法可以避免这种问题,但已有研究表明,单一注热法能量损失大,效率低。而降压法和注热法的有效结合可以达到理想的开发效果。因此,联合开采方法逐渐成为一种趋势,在近些年的天然气水合物试采方案的设计中被逐渐采用。

2.1.7　各种开采方法的优缺点和适应性

目前天然气水合物开采方法的经济评价表明,对于同样储量的水合物层,降压法最经济,注热法和注剂法明显要比降压法昂贵,固态流化法适用于海洋表层天然气水合物藏。不同的天然气水合物开采方法有各自的适应性和优缺点,见表 2-1。可以看出,降压法由于成本较低、操作相对简单等优点,在现场试采中被广泛采用,但其存在着容易发生二次水合物生成而造成堵塞和储层达到平衡后分解速率降低等问题;注热法开采速率较快,但能量损耗大,经济性较差,一般适用于陆上冻土带;注剂法费用较高,同时可能对环境造成影响,对冻土带和海上水合物开发均适用;CO_2 置换法具有储存 CO_2 气体和保持开发储层稳定性等特点,但目前置换效率较低;固态流化法目前技术设备尚不成熟,主要适用于海底表层水合物开发。

表 2-1　天然气水合物主要开采技术对比表

开采技术	优　点	缺　点	使用案例
降压法	开采成本较低,不需连续激发,设备简单、操作便利	容易发生二次水合物生成,造成堵塞;储层达到平衡后,分解速率降低	加拿大麦肯齐三角洲冻土区(2008) 日本南海海槽(2013,2017) 中国神狐海域(2017,2020)
注热法	工艺简单,开采速度快,可控性好	注热流体热损失大,能量利用率低	加拿大麦肯齐三角洲冻土区(2002)
注剂法	方法简单,开采速率快,使用方便	费用昂贵,对环境造成污染	苏联麦索亚哈气田(1969)
CO_2 置换法	可保障环境安全,可存储 CO_2	施工工艺复杂,技术不成熟,需要 CO_2 气源,目前开采效率不高	美国阿拉斯加(2013)
固态流化法	方法简单,安全性高	目前产量较小,技术尚不成熟	中国神狐海域(2017)

总体而言,需要根据目标区水合物藏的特点选择合适的开发方法,才能达到经济有效地开发天然气水合物藏的目的。

2.2　天然气水合物试采案例分析

　　鉴于天然气水合物巨大的资源潜力及其分解对环境的潜在威胁,20 世纪末,美国、日本、加拿大、韩国、印度等先后制订了国家级天然气水合物勘探开发研究计划并开展了大量的研究工作。目前世界范围内天然气水合物资源勘查取得了初步成果,围绕陆地永久冻土区和海洋天然气水合物短期试采取得重大突破,同时风险评价和环境安全监测已经启动。

　　截至 2021 年,全球共进行了 5 处 10 次天然气水合物试采:1969 年,苏联麦索亚哈气田天然气水合物开发;2002 年、2007—2008 年,加拿大联合多国在陆地永久冻土区进行了降压法和辅助注热试采;2012 年,康菲石油公司在阿拉斯加永久冻土区进行了降压辅助 CO_2 置换试采;2013 年和 2017 年,日本先后 3 次在爱知海进行了降压试采;2017 年 5 月,我国国土资源部和中国海油先后在南海珠江口盆地成功实施海洋天然气水合物降压、固态流化试采;2020 年 2—3 月,我国国土资源部再次在神狐海域进行了水合物试采。各天然气水合物试采案例基本情况概述如下。

2.2.1　苏联麦索亚哈气田天然气水合物开发

　　1969 年,苏联在西伯利亚地区利用降压法和注剂法成功实现了世界上第一个常规油气和天然气水合物气藏——麦索亚哈(Messoyakh)气田天然气水合物联合开发。当时麦索亚哈冻土气田面临产气量逐渐下降的问题,研究者提出了注化学剂的解决方法,后来发现该堵塞是由于生成了水合物,注剂后气田上部的天然气水合物发生了分解,多口井的产量明显增大,对比分析发现最终有 36% 的气体来自天然气水合物开发。但当时只是偶然为之,天然气水合物和常规气田联合开发的机理尚不明确,开发过程中存在断断续续和部分井失效等问题。

　　麦索亚哈气田的井位如图 2-10 所示。共在 8 个不同的井位注入了化学剂(甲醇和 $CaCl_2$ 溶液),其中 2 号井和 139 号井没有取得实验结果,而其余 6 口井的产气速率有了很大的提高,129 号井产气速率提高约 4 倍,如表 2-2 和图 2-11 所示。最后的分析结果表明,在 17 年的生产过程中,从该天然气水合物藏中共产出约 30×10^8 m³ 天然气,占气田总产量的 36%。此后,从 20 世纪 70 年代开始,苏联紧跟美国步伐,在其周围海域和内陆海中开展天然气水合物调查与研究工作。

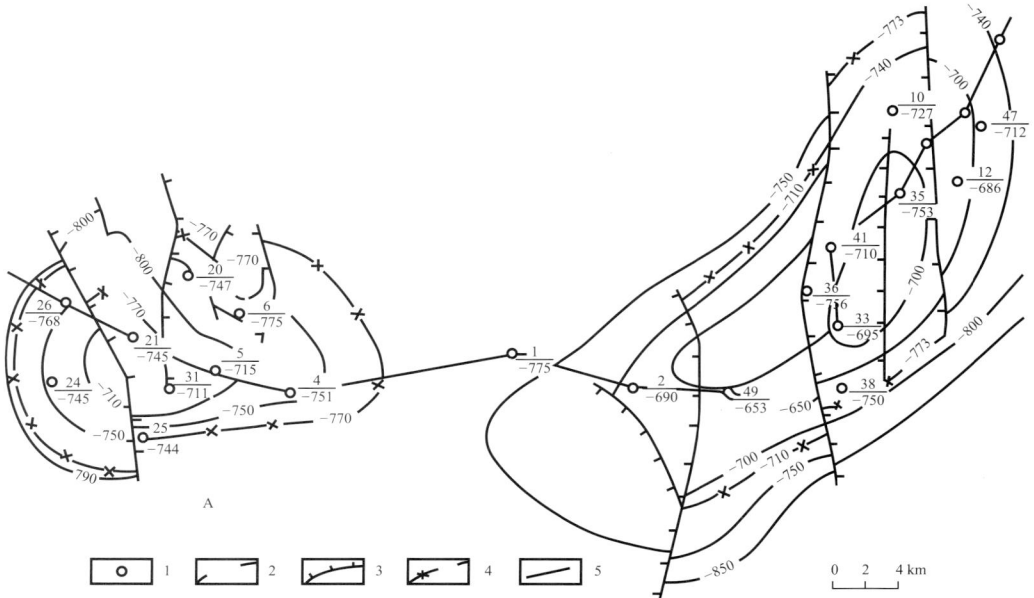

图 2-10 Messoyakh 气田井位分布图

1—井:分子表示井号,分母表示嘎斯萨林组顶面绝对标高(m);2—等高线;3—断层;4—气水界面;5—测线

表 2-2 Messoyakh 注剂开采结果

注剂井位	注剂类型	注剂量/m³	注剂前产气速率 /(10^3 m³ · d⁻¹)	注剂后产气速率 /(10^3 m³ · d⁻¹)
2	96%甲醇溶液	3.5	没有取得预期结果	
129	96%甲醇溶液	3.5	30	150
131	96%甲醇溶液	3.0	175	275
133	甲醇溶液	未　知	25	50
			50	50
			100	150
			150	200
138	混合物:10%甲醇+90%质量分数为30%的氯化钙溶液	4.8	200	300
139	同井位 138	2.8	没有取得预期结果	
141	同井位 138	4.8	150	200
142	甲醇溶液	未　知	5	50
			10	100
			25	150
			50	200

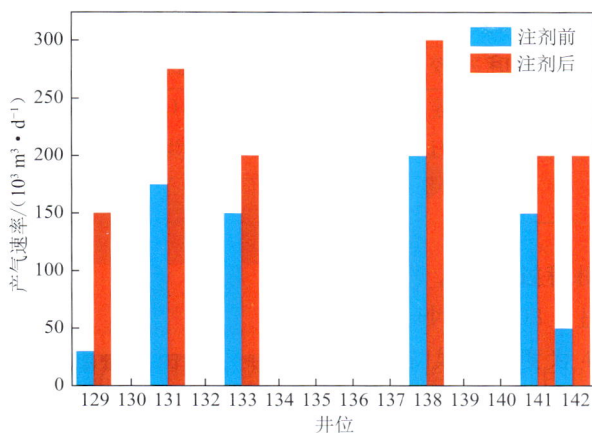

图 2-11　不同井位注剂前后产气速率对比图

2.2.2　加拿大 Mallik 地区天然气水合物试采

加拿大 Mallik 地区天然气水合物钻探情况见表 2-3。

表 2-3　Mallik 地区天然气水合物钻探情况

钻探时间	井　位	钻井性质	井深/m	水合物分布状况/m	水合物藏性质
1971—1972 年	Mallik L-38	常规勘探井	2 524	800～1 100	砂岩层
1998 年	Mallik 2L-38	水合物取样井	1 150	897～1 110	砂岩层
2002 年	Mallik 3L-38	观测井	1 166	892～1 107	砂岩层
	Mallik 4L-38	观测井			
	Mallik 5L-38	试采井	1 188		
2007—2008 年	Mallik 2L-38	原井位试采	1 150	897～1 110	砂岩层

1971—1972 年，加拿大 Mallik L-38 常规勘探井钻遇天然气水合物藏，水合物藏埋存于冻土带 800～1 100 m 井段，这是该地区首次发现水合物藏。

1998 年，日本为了为国内的天然气水合物藏开采项目立项提供依据，资助加拿大在 Mallik 地区进行了一次水合物藏钻探。钻井井位为 2L-38，钻井深度 1 150 m，发现水合物分布在 897～1 110 m 之间，以 3 个水合物藏带的形式存在，总厚度约为 110 m。

2002 年，日本又联合加拿大、美国、德国和印度等国家在 Mallik 地区进行了全球第一次专门针对天然气水合物的试开采，共钻探 3 口井，分别为 3L-38、4L-38 和 5L-38。其中，5L-38 为生产井（图 2-12），3L-38 和 4L-38 为观测井，离生产井距离均为 40 m，总体布置如图 2-13 所示。试验采用的是注热和降压联合开采方法。在约 5 d 的开采时间内，共产气 516 m³，开采的水合物层厚度为 13 m。总体降压和产气情况如图 2-14、图 2-15 所示。

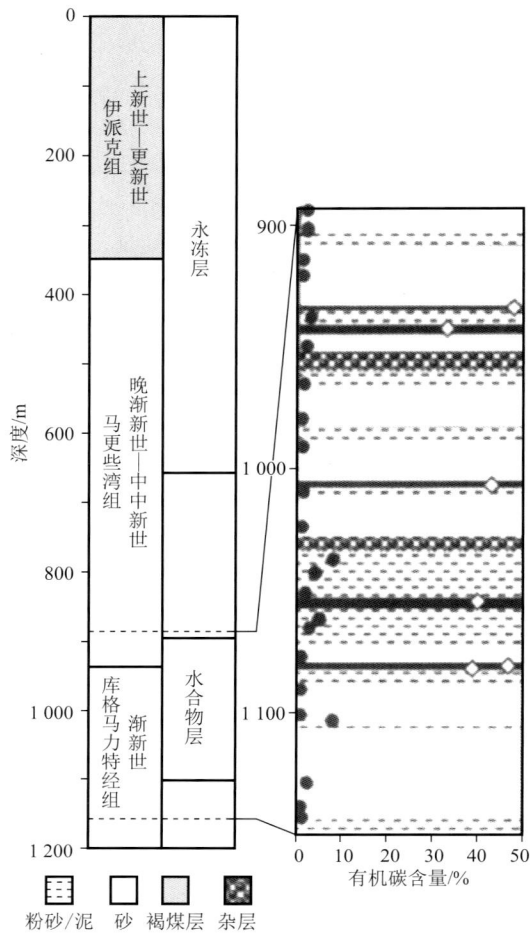

图 2-12 马更些三角洲 Mallik 5L-38 天然气水合物生产钻井位置的层序地层

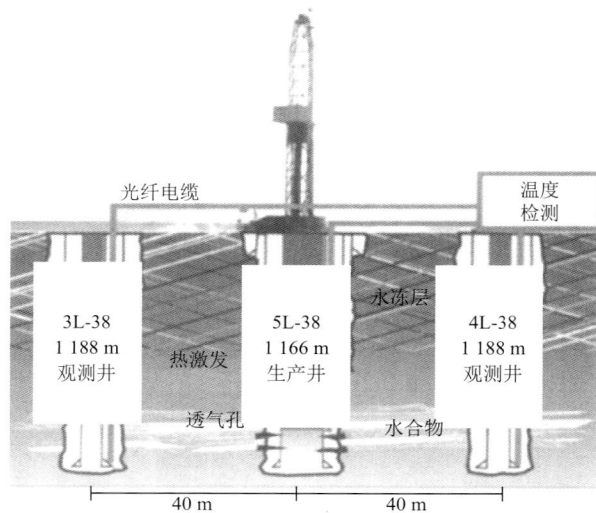

图 2-13 2002 年 Mallik 天然气水合物试采井位图

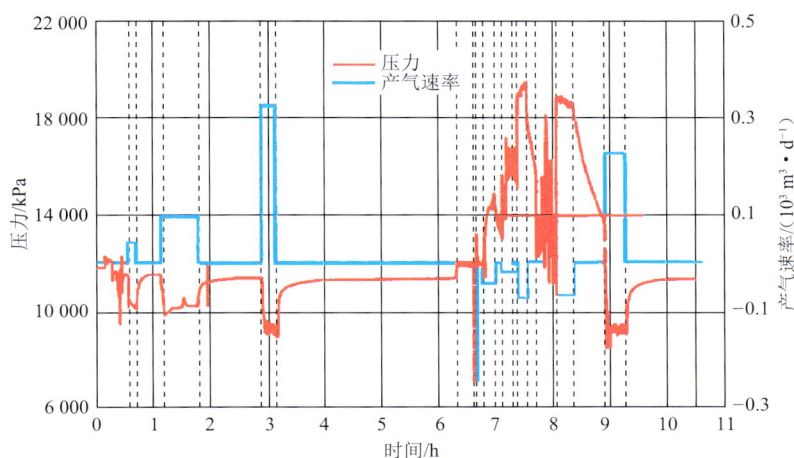

图 2-14 Mallik 5L-38 井 MDT-2 位置处降压试采数据图

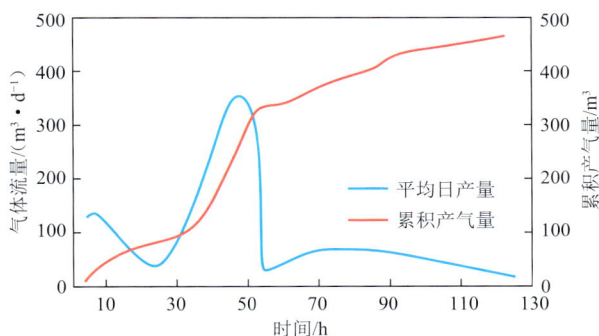

图 2-15 Mallik 5L-38 井水合物注热试采结果

2007—2008 年,Mallik 地区再一次进行了天然气水合物试采,试采井位为 2L-38 井,试采方法为降压法。生产时间为 2008 年 3 月 10—16 日,为了实验研究,产气速率控制在 2 000~4 000 m³/d 的范围内。在约 6 d 的开采时间内,总产气量为 13 000 m³,水合物藏的开采层厚度为 12 m。Mallik 项目的成功实施证明通过注热和降压法可以实现天然气水合物藏的开发,是天然气水合物开发利用史上的里程碑,为将来的长期试生产和最终商业开发利用奠定了基础。

2.2.3 阿拉斯加北坡天然气水合物试采

2012 年,康菲石油公司在阿拉斯加北坡进行了天然气水合物试采,采用注 CO_2 单井吞吐法置换开采天然气水合物,注入的气体为 N_2 和 CO_2 的混合气体。总的气体注入体积为 215.9 Mscf(1 Mscf=28.317 m³),其中 N_2 167.3 Mscf,CO_2 48.6 Mscf,注气过程中一直严格控制混合气体的组分。

在注气开采天然气水合物试验中，最终结果显示，总注气量中约有 70% 的 N_2 被回收，CO_2 的回收率约为 40%，生产获得的甲烷气体总共约为 855 Mscf，同时有 1 136.5 bbl（1 bbl＝0.159 m^3）水、67 bbl 砂伴随气体产出。

如图 2-16 所示，在试采的自由流动过程中，地面产出物只有气体而没有自由水，但实际结果显示在自由流动过程后期，自由水已经充满了整个生产井，需要利用举升方法将水排出。从图中还可以看出，通过人工举升后，气体和水的生产速率迅速提高。

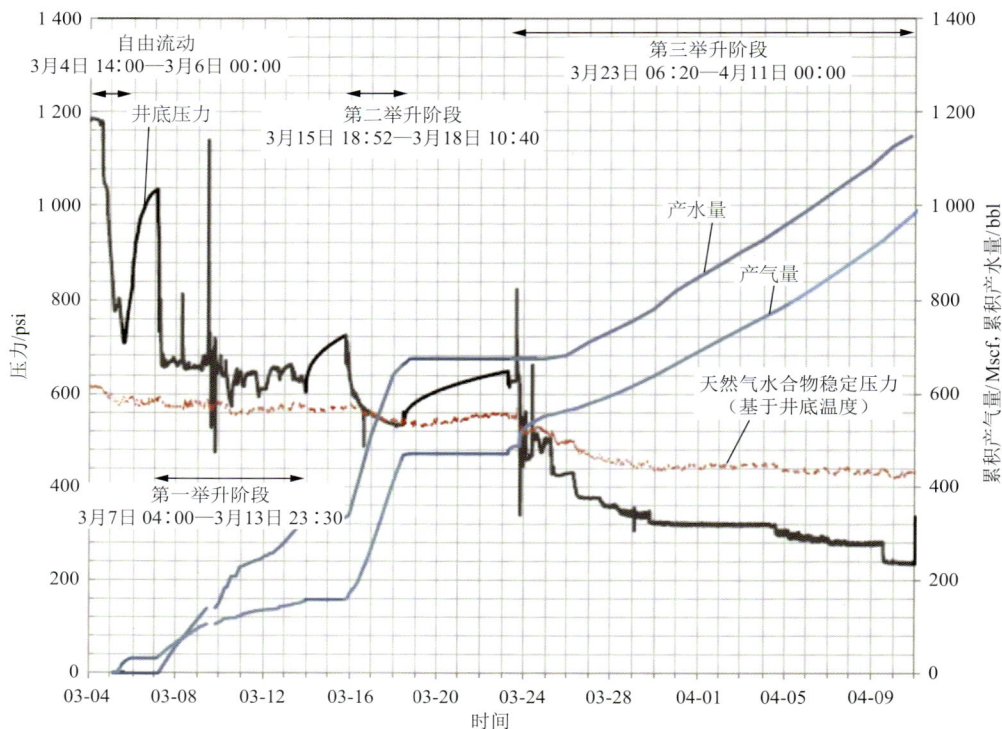

图 2-16　试采过程中的压力、累积产气和累积产水量变化图

1 psi＝ 6.895 kPa

2.2.4　日本爱知海天然气水合物试采

日本十分重视天然气水合物资源的开发，早期与加拿大合作进行了陆上天然气水合物试采试验，并于 2000 年提出了"21 世纪水合物研究开发计划"（MH21，2001—2016年）。该计划历时 15 年，分 3 个阶段实施，涵盖了天然气水合物勘探、开发、环境影响以及海上开采工程等各个方面。第一阶段（2001—2006 年）确定天然气水合物富集区，研究水合物开发方案、钻完井技术以及开采模拟技术，评价水合物开发对环境的影响；第二阶段（2007—2011 年）进行海上开发试验、技术和经济评估；第三阶段（2012—2016 年）末期进入商业试开采，主要开展深水天然气水合物开发工程以及配套安全评价技术研究，具

备商业开发的技术能力。2023—2027 年实施以民营企业为主导的商业化开发计划。目前,日本的实际进度落后于该计划。

2013 年,日本结合加拿大 Mallik 地区的天然气水合物试采经验(图 2-17),在其南海海槽成功实施了国际上第一次海域天然气水合物试开采,6 d 生产天然气 $12×10^4$ m^3,因严重出砂而终止。此后经过数年研发,日本重点攻关了天然气水合物防砂技术,提出了两套认为有效的防砂方案,并于 2017 年 5 月进行了第二次海上试开采,12 d 生产天然气 $3.5×10^4$ m^3,日产气约 3 000 m^3,因严重出砂而终止。2017 年 6—7 月,利用 GeoFORM 防砂系统进行了第三次试采,24 d 生产天然气 $20×10^4$ m^3,日产气约 8 333 m^3。

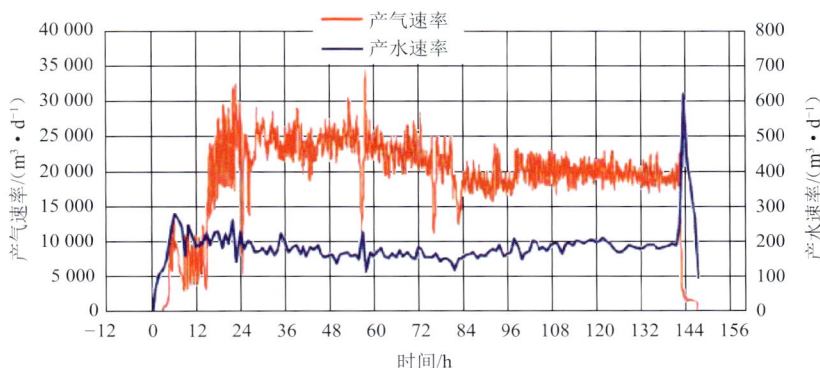

图 2-17 2013 年日本天然气水合物试采产气、产水速率曲线

2.2.5 中国海油天然气水合物试采

2017 年 5 月,中国海油根据自主提出的固态流化法水合物开发方法,以荔湾 3 为目标靶区,完全依托国内力量,全球首次成功组织并实施了水合物固态流化试采。该试采突破了海洋天然气水合物目标勘探、钻探取样及在线分析、多尺度开采工艺模拟评价、非成岩水合物固态流化试采工艺和装备等关键技术瓶颈,提出了海洋天然气水合物目标勘探、钻探取样、固态流化试采一体化实施工程策略,其目的在于通过勘探等综合技术确定水合物富集区,通过随钻测井和钻探取样获取水合物样品,为水合物试采井、试采工艺评价提供可靠的依据,通过一个航段、两个航次实施海洋目标区水合物固态流化试采工程。该试采形成了以下主要创新成果:

(1)在深水油气勘探技术基础上,集成创新了海洋天然气水合物目标勘探技术方法,提供了上钻目标、试采井位。

充分利用南海北部高精度三维地震资料,开展针对深水天然气水合物岩石物理特征、测井特征及地震特征等综合因素分析方法,集成创新了一套海上水合物资源勘查、水合物矿体识别、丰度预测的水合物检测技术,提出了"流体底辟垂向输导、深水重力流水道侧向运移、构造高部位孔隙分散式成藏"的天然气水合物成藏模式。采用地震属性分析和地震纵波阻抗反演,完成工区内水合物及下伏游离气的三维空间展布刻画,同时基

于井数据完成整个工区的水合物饱和度预测,提供了上钻目标,同时预测了目标区潜在的天然气水合物资源量。

① 基于常规油气勘探地震资料及天然气水合物成藏系统理念、以凹陷为单元的气源潜力评价及成藏系统分析,系统完成了南海北部珠江口盆地深水区天然气水合物资源潜力调查,优选落实了 4 个天然气水合物有利成藏带。

② 在钻探目标精细评价方面,集成创新了一套针对海洋天然气水合物地震宽频成像处理、宽频地震反演与矿藏描述关键技术组合,并成功应用于珠江口盆地白云凹陷荔湾 3 水合物富集区的矿藏评价,创造性地实现了高富集水合物藏的矿体雕刻和描述,落实目标靶区高饱和度水合物矿体的空间分布、资源量及潜在"甜点"靶区,形成了石油公司特色的水合物资源勘查及目标精细评价技术体系。

(2)突破被动球阀保温、基于声波的在线饱和度测试等技术,自主研发了海洋水合物保温保压水合物取样系统和水合物样品在线分析系统等全套国产化装备。

① 自主研发了 Drilog 随钻测井工具、保温保压水合物取芯和带压转移工具、水合物现场在线分析系统等全套国产化装备,对钻探获取的天然气水合物原位样品的基础物性进行了在线测试,主要包括气体组分测试、孔隙水氯离子浓度和电阻率测试、水合物饱和度在线测试、红外温度测试。

② 依托"海洋石油 708"深水工程勘察船成功获取了含水合物地层岩芯样品,全面建成国产化水合物钻探取样作业能力,形成了海域天然气水合物测井、保真取样等作业规范。我国成为继美国、日本之后第三个独立掌握海洋天然气水合物取样及现场分析测试全套技术工具的国家。

(3)建立了世界先进的水合物沉积物基础物性、微观可视化、固态流化试采试验系统,开展了多类型、多尺度试采工艺评价,优选了固态流化试采工艺。

突破了水合物样品重塑、声光电特性分析,基于核磁和扫描电镜(CT)的微观结构可视化,在中国南海获得了天然气水合物富集层全井段储层物性参数,属世界首次,为天然气水合物开采奠定了坚实的基础;形成了多尺度水合物模拟分析技术,针对南海多类型水合物赋存状态,开展了以降压为主的成岩水合物开采工艺以及非成岩水合物固态流化试采工艺研究。

① 基于南海深水条件开发了多类型天然气水合物样品岩芯重塑装置与技术方法,提取了水合物样品岩芯三维空间结构,探明了水合物在孔隙空间内的赋存结构规律;建立了具有自主知识产权的大型高压低温水合物三轴仪,对南海水合物沉积物的力学特性进行了试验研究,获得了海洋水合物沉积物内聚力、内摩擦角及破坏强度等参数,揭示了水合物分解的强度变化特性。

② 首次开发了一套固态流化开采大型全过程物理模拟实验平台,可为形成采掘—相态变化—管输的全过程固态流化开采技术体系及实验评价方法提供支撑。

③ 首次提出了水合物固态流化开采思路,开展了流化坑开采模拟分析,并编制了水合物试采过程中各参数关系图版,为现场"零时间"决策提供了依据。

④ 建立了三维、可视沉积物中天然气水合物开采实验物理模拟平台,模拟平台反应釜内部有效体积 117.75 L,最大模拟水深 3 000 m,能够较为真实地模拟水合物藏的开采

过程。该装置主要技术指标达到考核指标，部分指标略高于考核指标，与目前已经报道的国外装置相比，具有一定的先进性，总体处于国际先进水平。此外，还建立了含 4 个自变量、39 个因变量的三维物理模拟的相似准则，为开展大尺寸天然气水合物开采过程物理模拟及将来试采方案的模拟提供了良好的实验研究基础。

⑤ 自主研制的三维、四相、三组分水合物藏开采数值模型考虑了水合物的二次生成和冰相的出现，基于改进后的 Chen-Guo 模型建立了水合物生成动力学模型，综合考虑了电解质、多孔介质和醇类等对天然气水合物沉积物相平衡的影响，考虑了 CO_2 置换开采模拟，在求解方法方面采用基本变量转换法。该模型可以计算降压、注热、注剂及联合开采等不同开采方式下水合物的分解机理和动态，其计算结果与实验结果吻合较好。该模型的提出为进行水合物开采过程机理研究以及建立大型数值模拟分析手段打下了较扎实的基础。

（4）针对我国南海天然气水合物埋深浅、矿藏疏松、胶结程度低、易于碎化、泥质粉砂为主等特点，首次创新性地提出了"海洋天然气水合物固态流化试采技术"。

该技术方法的核心是将流化后的水合物转移到可控的混相举升输送管道内进行分解，并通过流体循环系统实现循环回填，以保证储层的安全性。

① 基于我国海洋天然气水合物埋深浅、没有致密盖层、矿藏疏松、胶结程度低、易于碎化的特点，利用其在海底温度和压力下的稳定性，采用固态开采方法，通过机械方法将地层中的固态水合物先碎化、后流化为水合物浆体，然后通过完井管道和输送管道，采用循环举升的方式将其举升到海面气、液、固处理设施。水合物浆体进入举升管道后，利用外界海水温度升高、静水压力降低的自然力量而自然分解，分解后的气体自举升，而含天然气的水合物浆体最后返到水面工程船上并进行深度分解、气液固分离，从而获得天然气。

② 海洋天然气水合物藏固态流化开采技术是将水合物采掘、密闭浆液输送到水面设施进行气体回收，是一种全新的开发思路，具有污染小、次生灾害小、不破坏下部孔隙性储层水合物等核心优势，是一种潜在的天然气水合物开发手段和方法。固态流化法无论在水合物开发还是海底采矿领域都有很好的应用前景。

（5）自主研制了深水海底表层、浅层非成岩水合物储层固态流化试采工艺和工程实施所需核心装备。

依托"海洋石油 708"深水工程勘察船，自主研制了海洋非成岩水合物固态流化试采全套工艺和装备，包括无隔水管钻完井、储层固态碎化和流化工艺、连续举升以及气液固高效分离处理系统、风险评价、应急解脱等技术、工艺和装备，在海洋天然气水合物试采方面进行了具有重大意义的探索。

① 国际上首次提出勘察船无隔水管水合物钻完井新思路，结合勘察船和取芯钻头的特点，创造性地提出了"钻杆站位、原位固井"技术方案，最大限度地减少了配套设备，简化了钻井工艺，快速构建了地面到水合物层的通道。突破水合物地层井壁稳定流固耦合分析技术、钻井水力学设计、井筒流动安全保障技术、水合物层固井技术以及弃井技术，创新了水合物钻井设计和工艺技术集成。

② 根据深水浅层天然气水合物固态流化试采思想，基于"海洋石油 708"深水工程勘

察船,创新性地设计了钻杆站位、连续油管流化测试管柱方案,提出了连续油管喷射工艺,使含水合物沉积物在举升过程中部分自然分解,利用密度差实现了部分砂回填,其余气液固流化物返回地面测试流程,经过高效分离、气体储集、放喷等技术实现了快速点火测试。

③ 通过对水中钻杆稳定性、强度和疲劳寿命的专题研究,提出了升沉补偿的简易新思路;基于"弱点"设计思路,创新性地研发了钻杆水下安全解脱技术及装备,形成了包括应对南海内波流、台风等安全保障技术。

④ 研制了一套高效集成化、安全环保型的气液固分离流程及处理装置和一套小气量简易点火、高效燃烧装置。

(6)以荔湾3区为目标靶区,成功实施了海洋天然气水合物目标勘探、钻探取样、固态流化试采一体化工程,并实现全球首次天然气水合物固态流化试采工程。

综合考虑地质成藏特点、技术的可行性和经济性,中国海油制定了海洋天然气水合物目标勘探、钻探取样、固态流化试采一体化实施策略(即目标勘探确定井位,随钻测井证实水合物层位,钻探取样及分析作为试采实施依据),在钻探取样获取岩芯后,确定水合物有效层位进行试采。

以国家重大科技装备"海洋石油708"深水工程勘察船为现场实施载体,全部采用国内自主研发的技术、工艺和装备,以荔湾3区为目标靶区,探索了海洋天然气水合物目标勘探、钻探取样、固态流化试采一体化工程设计思路,并于2017年5月25日,针对赋存于水深1 310 m,埋深117~192 m的海洋浅层、弱胶结、非成岩地层的水合物,全球首次成功实施了海洋天然气水合物固态流化试采工程。

2.2.6 中国国土资源部天然气水合物试采

2017年,我国国土资源部采用降压法在南海神狐海域进行了天然气水合物试采(图2-18),5月10日下午14时52分点火成功,从水深1 266 m海底以下203~277 m的天然气水合物矿藏中开采出天然气,至7月9日试采连续产气60 d,累计产气超过 $30.9 \times 10^4 \ m^3$,全面完成试采试验和科学测试目标,取得圆满成功。

图 2-18 2017年神狐海域天然气水合物试采

总结 2017 年神狐海域天然气水合物试采的经验和教训,2020 年我国国土资源部在水深 1 225 m 的神狐海域进行了天然气水合物试采,创下了两项新的世界纪录,攻克了深海浅软地层水平井钻采核心技术,实现了从"探索性试采"向"试验性试采"的重大跨越,在产业化进程中取得了重大的标志性成果。

据介绍,该项目 2019 年 10 月正式启动,于 2020 年 2 月 17 日试采点火成功,持续至 3 月 18 日完成预定目标任务。此次试采取得了一系列重大突破:一是创造了产气总量、日均产气量两项世界纪录,实现了从"探索性试采"向"试验性试采"的重大跨越。本轮试采 1 个月产气总量 86.14×10^4 m^3、日均产气量 2.87×10^4 m^3,是第一轮 60 d 产气总量的 2.8 倍。试采攻克了深海浅软地层水平井钻采核心关键技术,实现产气规模大幅度提升,为生产性试采、商业开采奠定了坚实的技术基础。我国成为全球首个采用水平井钻采技术试采海域天然气水合物的国家。二是自主研发了一套实现天然气水合物勘查开采产业化的关键技术装备体系,大大提高了深海探测与开发能力。形成了六大类 32 项关键技术,其中 6 项技术领先优势明显;研发了 12 项核心装备,其中控制井口稳定的吸力锚装置打破了国外垄断。这些技术、装备在海洋资源开发、涉海工程等领域具有广阔的应用前景,将带动形成新的深海技术装备产业链,增强我国"深海进入、深海探测、深海开发"的能力。三是创建了独具特色的环境保护和监测体系,进一步证实了天然气水合物绿色开发的可行性。自主创新形成了环境风险防控技术体系,构建了大气、水体、海底、井下"四位一体"环境监测体系。此次试采过程中无甲烷泄漏,未发生地质灾害。

图 2-19 2020 年神狐海域水合物试采

实现天然气水合物产业化大致可分为理论研究与模拟试验、探索性试采、试验性试采、生产性试采、商业开采 5 个阶段。神狐海域第二轮试采成功实现了从"探索性试采"向"试验性试采"的阶段性跨越,迈出了天然气水合物产业化进程中极其关键的一步。

2.2.7 目前试采存在的主要问题

综合上述天然气水合物试采案例可知,全球已经在冻土和海域进行处 5 处 10 次天然气水合物试采,其中国外 7 次,国内 3 次。国内外天然气水合物试采状况及对比见表 2-4 和表 2-5。从表中可以看出,目前的天然气水合物试采普遍存在产量低、试采不能持续等问题。在已实施的试采试验中,最高日产气量为 2017 年中国国土资源部的 3.5×10^4 m^3/d,最大日均产气量为 2020 年神狐海域的 2.87×10^4 m^3/d,最大总产气量为 2020 年试采的 86.14×10^4 m^3,最长试采时间为 2017 年中国国土资源部的 60 d;中国国土资源部 2 次试采均因日产量逐渐降低而停止试采,日本的 3 次海上试采则是由砂堵或冰堵等问题导致试采中断。这种技术和产量远不能达到水合物商业开采的门槛。

表 2-4 国内外天然气水合物试采现状对比

国外试采现状		国内试采现状	比　较	挑战和发展趋势
苏联麦索亚哈(1972—1989 年): 降压、注剂,断续生产 17 年,36% 的气来自水合物分解		① 2017 年,中国国土资源部在南海神狐海域进行了降压试采,试验为期 60 d,共产气 30.9×10^4 m^3。 ② 2020 年,1 个月产气总量 86.14×10^4 m^3、日均产气 2.87×10^4 m^3,创下产气总量、日均产气量两项世界纪录	① 中国在降压法和固态流化法开采天然气水合物现场试采研究领域处在世界前列; ② 其他方法如 CO_2 置换法等中国尚处于室内研究阶段	挑战: ① 不能持续生产,生产过程中产气量越来越低; ② 日产气量低,远谈不上经济价值; ③ 相对商业开发而言,试采时间太短,对地层稳定性的影响尚未显现。 发展趋势: ① 更长周期的试采; ② 天然气水合物和常规油气联合开发; ③ 新的经济有效的开发方法的探索
加拿大 Mallik:美国地质调查局				
2002 年:注热盐水、降压	5 d,累产 516 m^3,日产 103 m^3			
2007—2008 年:降压	6 d,累产 13 000 m^3,日产 2 000~4 000 m^3			
美国阿拉斯加北坡:康菲石油公司 2012 年:CO_2 置换开发,CO_2-N_2 体积比 23:77 注入气体 6 114 m^3,生产约 30 d,累产 24 197 m^3,日产峰值 4 955 m^3		2017 年 5 月,中国海油采用自主研制的全套装备和技术,在全球首次成功实施海洋非成岩天然气水合物固态流化试采,1 d 产气 101 m^3		
日本爱知海:日本产业技术综合研究所				
2013 年:降压	6 d,累产 12×10^4 m^3,砂堵等			
2017 年 5 月:降压	12 d,累产 3.5×10^4 m^3,出砂堵塞中断产气			
2017 年 6—7 月:降压	24 d,累产 20×10^4 m^3			

表 2-5 国内外代表性天然气水合物试采分析对比表

代表性试采项目	生产时间/d	总产气量/(10^4 m³)	日均产气量/(m³·d⁻¹)	最高单井产量
2013 年日本第一次试采	6	12	20 000	
2017 年 5 月日本第二次试采	12	3.5	3 000	35 000 m³/d 仅维持 1 d
2017 年 6—7 月日本第三次试采	24	20	8 000	
2017 中国国土资源部试采	60	30	5 000	
2020 中国国土资源部试采	30	86.14	28 700	

从上述案例分析和表格总结可以看出,虽然国内外已经进行了多次陆上和海上的天然气水合物试采试验,但总体而言,天然气水合物开发技术尚不成熟,存在以下主要问题:

(1)天然气水合物开发基础理论尚需重点突破。天然气水合物开发面临多种相态变化、砂堵、冰堵、水合物二次生成、排水采气等技术挑战,对于这些过程和问题的形成机制,目前尚不完全明确,需进行进一步的理论攻关。

(2)天然气水合物开采方法没有根本突破。虽然已经进行了多次试采,但水合物的开采方法没有取得根本突破,其开采方法均借鉴常规油气的开发方法,目前的试采方法存在单井产量低和不能持续生产等问题。总体而言,无论是试采时间还是产能方面均离商业开发还有很远的距离。

(3)安全问题尚未解决。制约天然气水合物安全高效开发的三大技术挑战"装备安全、生产安全和环境安全"尚未根本突破。尽管美国、加拿大、日本及中国在北极冻土区、日本近海和中国南海进行了天然气水合物试采,但由于试采时间有限,长期试采的技术可用性和安全性存在很大不确定性。因此,要实现天然气水合物商业开发还有很长的路要走。

参 考 文 献

[1] KAMATA T,EBINUMA T,OMURA R,et al. Decomposition behavior of artificial methane hydrate sediment by depressurization method. Proceedings of 5th International Conference on Gas Hydrate,2005.

[2] SUN C Y,CHEN G J. Methane hydrate dissociation above 0 ℃ and below 0 ℃. Fluid Phase Equilibrium,2007,242:123-128.

[3] YOUSIF M H,LI P M,SELIM M S,et al. Depressurization of natural gas hydrate in Berea sandstone cores. J. Inclusion. Phenom. Mol. Recognit. Chem. ,1990,8:71-88.

[4] YOUSIF M H, ABASS H H, SELIM M S,et al. Experimental and theoretical investigation of methane-gas-hydrate dissociation in porous media. SPE Reservoir Eng. ,1991:69-79.

[5] GOEL N,WIGGINS M,SHAH S. Analytical model of gas recovery from in situ hydrates dissociation. Journal of Petroleum Science and Engineering,2001,29:115-127.

[6] JI C,AHMADI G,SMITH D H. Natural gas production from hydrate decomposition by depressur-

ization. Chemical Engineering Science, 2001, 56: 5801-5814.

[7] KIM H C, BISHNOI P R, HEIDEMANN R A, et al. S. Kinetics of methane hydrate decomposition. Chemical Engineering Science, 1987, 42: 1645-1653.

[8] AHMADI G, JI C, SMITH D H. Numerical solution for natural gas production from methane hydrate dissociation. Journal Petroleum Science and Engineering, 2004, 41: 269-285.

[9] AHMADI G, JI C, SMITH D H. Production of natural gas from methane hydrate by a constant downhole pressure well. Energy Conversion and Management, 2007, 48: 2053-2068.

[10] SUN X, NANCHARY N, MOHANTY K K. 1-D model of hydrate depressurization in porous media. Transp. Porous Med. , 2005, 58: 315-338.

[11] BAI Y H, LI Q P, YU X C, et al. Numerical study on dissociation of gas hydrate and its sensitivity to physical parameters. China Ocean Engineering, 2007, 21: 625-636.

[12] HONG D N, GRUY F, HERRI J M. Experimental data and approximate simulation of dissociation time of hydrate plugs. Chemical Engineering Science, 2006, 61: 1846-1853.

[13] DAVIES S R, SELIM M S, SLOAN E D. Hydrate plug dissociation. AIChE Journal, 2006, 52: 4016-4027.

[14] ALP D, PARLAKTUNA M, MORIDIS G J. Gas production by depressurization from hypothetical Class 1 G and Class 1 W hydrate reservoirs. Energy Conversion and Management, 2007, 48: 1864-1879.

[15] MORIDIS G J, KOWSLSKY M B, PRUESS K. Depressurization-induced gas production from class 1 hydrate deposit. SPE 97266, 2005.

[16] HONG H, POOLADI-DARVISH M. Simulation of depressurization for gas production from gas hydrate reservoir. J. Can. Pet. Technol. , 2005, 44: 39-46.

[17] GERAMI S, POOLADI-DARVISH M. Predicting gas generation by depressurization of gas hydrate where the sharp-interface assumption is not valid. J. Pet. Sci. Eng. , 2007, 56: 146-164.

[18] MORIDIS G J, COLLETT T S, DALLIMORE S R, et al. Numerical studies of gas production from several CH_4 hydrate zones at the Mallik site, Mackenzie Delta, Canada. Journal of Petroleum Science and Engineering, 2004, 43: 219-238.

[19] TSYPKIN G G. Gas hydrate dissociation regimes in highly permeable beds. J. Eng. Phys. , 1992, 63: 1221-1227.

[20] MASUDA Y, KURIHARA M, OHUCHI H, et al. A field-scale simulation study on gas productivity of formations containing gas hydrates. Proceedings of the Fourth International Conference on Gas Hydrate, Yokohama, Japan, 2002.

[21] PHIRANI J, MOHANTY K K. Warm water flooding of confined gas hydrate reservoirs. Chemical Engineering Science, 2009, 64: 2361-2369.

[22] FAN S S, ZHANG Y Z, LIANG D Q, et al. Natural gas hydrate dissociation by presence of ethylene glycol. Energy & Fuel, 2006, 20: 324-326.

[23] SUNG W, LEE H, LEE H, et al. Numerical study for production performance of a methane hydrate reservoir stimulated by inhibitor injection. Energy Source, 2002, 24: 499-512.

[24] MASUDA Y, KONNO Y, IWAMA H, et al. Numerical study of methanol injection for gas production from methane hydrate reservoirs. Proceedings of the 6th International Conference on Gas Hydrate, 2008.

［25］　付强,周守为,李清平.天然气水合物资源勘探与试采技术研究现状与发展战略.中国工程科学,
2015,17(9):123-132.

［26］　信石印.天然气水合物与油气成藏的相关性研究.地质与资源,2018,27(2):204-208.

［27］　肖莹莹,左力艳,张诚.天然气水合物研究与开发实验概述.内蒙古石油化工,2018(10):18-22.

［28］　周守为,李清平,吕鑫,等.天然气水合物开发研究方向的思考与建议.中国海上油气,2019,31
(4):1-8.

［29］　赵克斌,吴传芝,孙长青.日本天然气水合物勘探开发研究进展与启示.勘探开发,2019,27(9):
49-60.

［30］　邵明娟,张炜,吴西顺,等.麦索亚哈气田天然气水合物的开发.国土资源情报,2016(12):17-31.

第三章
阿拉斯加北坡天然气水合物勘查

　　20 世纪中后期，美国开始重视天然气水合物资源的勘探和开发，一方面通过参与深海钻探计划和大洋钻探计划对国内的天然气水合物资源进行探索，初步摸清了其国内的天然气水合物资源量分布情况；另一方面通过参与加拿大 Mallik 地区 2002 年和 2007 年的两次冻土带天然气水合物试采，探索天然气水合物资源的商业开发价值，取得了较好的研究成果。2007 年，美国决定出资并组织相关力量，在本土阿拉斯加冻土带进行天然气水合物试采。本章重点介绍试采前在阿拉斯加进行的天然气水合物勘查情况。

3.1　美国天然气水合物资源量及其分布

　　美国的天然气水合物资源量十分丰富，据 1995 年完成的调查研究显示，美国天然气水合物区块中的天然气储量约为 $9\,060 \times 10^{12}\ m^3$，主要分布在阿拉斯加海域、太平洋、墨西哥湾、大西洋和阿拉斯加陆域。美国主要区域的天然气水合物平均储量如表 3-1 和图 3-1 所示。

表 3-1　美国天然气水合物资源区块分布及其平均储量

区　域	区　块	天然气资源储量及占比		
		$10^{12}\ m^3$	$10^{12}\ m^3$	%
大西洋	东北大西洋	856	1 467	16.2
	东南大西洋	611		
墨西哥湾	墨西哥湾	1 082	1 082	11.9
太平洋	北太平洋	1 520	1 728	19.1
	南太平洋	208		
阿拉斯加海域	波弗特海	914	4 766	52.6
	白令海	2 074		
	阿留申海沟	608		
	阿拉斯加湾	1 170		

区　域	区　块	甲烷资源储量及占比		
		10^{12} m³	10^{12} m³	%
阿拉斯加陆域	顶积层	4	17	0.2
	褶皱带	13		
总　计		9 060	9 060	100

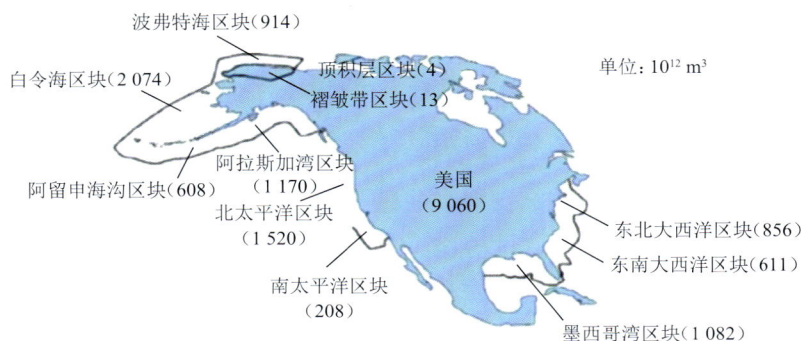

图 3-1　美国天然气水合物资源区块分布

从表 3-1 中可以看出,阿拉斯加海域和陆域的天然气水合物资源量巨大,占美国天然气水合物总资源量的一半以上。为了进一步探索天然气水合物商业化开发的技术途径,同时考虑到陆上试采比海上试采作业更为方便、成本更低,21 世纪初,美国在阿拉斯加冻土带进行了一次水合物试采,并首先在该地区进行了长达数年的资源勘查。

3.2　阿拉斯加北坡概况

阿拉斯加州(Alaska State,图 3-2)位于美国西北太平洋东岸,东接加拿大的育空、不列颠哥伦比亚,南邻阿拉斯加湾、太平洋,西濒白令海、白令海峡、楚科奇海,北临北冰洋,总面积约 1 717 854 km²,其中陆地面积约 1 481 347 km²,水域面积约 236 507 km²,人口约 648 818 人,海拔最高 6 194 m,平均 3 060 m,最低 0 m。

阿拉斯加地域宽广,加之地势起伏很大,导致州内气候多样化。南部沿海、东南部、阿拉斯加湾岛屿和阿留申群岛属于温带海洋气候,夏季平均气温 4～16 ℃,冬季－7～4 ℃,年降水量 1 525～4 065 mm;内陆盆地属亚温带,比沿海干燥,也稍冷,夏季平均气温 7～24 ℃,冬季－23～－7 ℃,安克雷奇的年降水量为 635 mm;白令海沿岸和岛屿属于北极海洋性气候,夏季平均气温 4～16 ℃,冬季－23～－7 ℃;中部高原属大陆性气候,夏季平均气温 7～24 ℃,冬季－34～－23 ℃,年降水量 255～510 mm。

图 3-2 阿拉斯加州地图

石油和天然气产业是阿拉斯加州提供就业最多的产业,也是阿拉斯加州的支柱产业,州财政收入的一半以上来自石油和天然气产业。20 世纪 70 年代,阿拉斯加建造了全长 1 200 km 的"穿越阿拉斯加输管"(Trans-Alaska Pipeline,图 3-3),从北海岸的普拉德霍(Prudhoe)海湾一路蜿蜒到中南部的不冻港瓦尔迪兹(Valdez)。阿拉斯加的石油通过这条输油管被源源不断地运送到美国本土和世界其他地区,每天输送约 145×10^4 gal(1 gal=4.546 L)石油。

图 3-3 阿拉斯加输油管线

美国能源署的资料数据显示,2012 年阿拉斯加州已经被证实的石油储量为 37×10^8 bbl,探明的天然气储量达到 9×10^{12} ft^3(1 ft=0.304 8 m)。同年,各石油企业着眼于

区 域	区 块	甲烷资源储量及占比		
		10^{12} m³	10^{12} m³	%
阿拉斯加陆域	顶积层	4	17	0.2
	褶皱带	13		
总　计		9 060	9 060	100

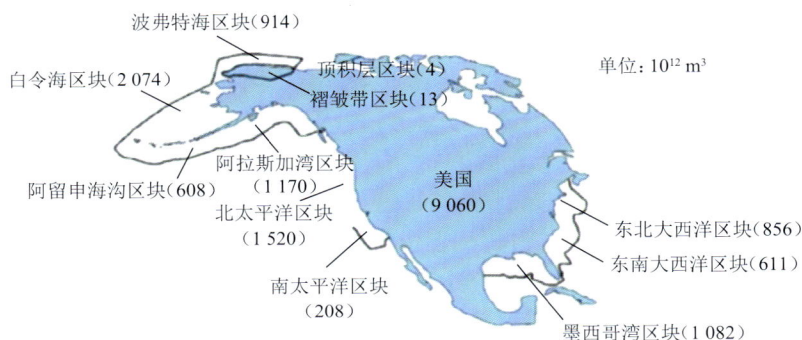

图 3-1　美国天然气水合物资源区块分布

从表 3-1 中可以看出,阿拉斯加海域和陆域的天然气水合物资源量巨大,占美国天然气水合物总资源量的一半以上。为了进一步探索天然气水合物商业化开发的技术途径,同时考虑到陆上试采比海上试采作业更为方便、成本更低,21 世纪初,美国在阿拉斯加冻土带进行了一次水合物试采,并首先在该地区进行了长达数年的资源勘查。

3.2　阿拉斯加北坡概况

阿拉斯加州(Alaska State,图 3-2)位于美国西北太平洋东岸,东接加拿大的育空、不列颠哥伦比亚,南邻阿拉斯加湾、太平洋,西濒白令海、白令海峡、楚科奇海,北临北冰洋,总面积约 1 717 854 km²,其中陆地面积约 1 481 347 km²,水域面积约 236 507 km²,人口约 648 818 人,海拔最高 6 194 m,平均 3 060 m,最低 0 m。

阿拉斯加地域宽广,加之地势起伏很大,导致州内气候多样化。南部沿海、东南部、阿拉斯加湾岛屿和阿留申群岛属于温带海洋气候,夏季平均气温 4~16 ℃,冬季-7~4 ℃,年降水量 1 525~4 065 mm;内陆盆地属亚温带,比沿海干燥,也稍冷,夏季平均气温 7~24 ℃,冬季-23~-7 ℃,安克雷奇的年降水量为 635 mm;白令海沿岸和岛屿属于北极海洋性气候,夏季平均气温 4~16 ℃,冬季-23~-7 ℃;中部高原属大陆性气候,夏季平均气温 7~24 ℃,冬季-34~-23 ℃,年降水量 255~510 mm。

图 3-2　阿拉斯加州地图

　　石油和天然气产业是阿拉斯加州提供就业最多的产业，也是阿拉斯加州的支柱产业，州财政收入的一半以上来自石油和天然气产业。20 世纪 70 年代，阿拉斯加建造了全长 1 200 km 的"穿越阿拉斯加输管"(Trans-Alaska Pipeline，图 3-3)，从北海岸的普拉德霍(Prudhoe)海湾一路蜿蜒到中南部的不冻港瓦尔迪兹(Valdez)。阿拉斯加的石油通过这条输油管被源源不断地运送到美国本土和世界其他地区，每天输送约 145×10^4 gal (1 gal＝4.546 L)石油。

图 3-3　阿拉斯加输油管线

　　美国能源署的资料数据显示，2012 年阿拉斯加州已经被证实的石油储量为 37×10^8 bbl，探明的天然气储量达到 9×10^{12} ft³(1 ft＝0.304 8 m)。同年，各石油企业着眼于

52

在阿拉斯加州未开发的区域,以获得更多的潜在石油储量。美国内政部预计,单在北极圈北冰洋楚科奇海(Chukchi Sea)就储藏着 $120×10^8$ bbl 石油,相当于阿拉斯加现有已探明石油储量的一半,而阿拉斯加州库克湾(Cook Inlet)地区和北冰洋波弗特海也可能蕴藏着 $80×10^8$ bbl 石油。此外,阿拉斯加州还具有大片页岩地区,凭借新水力压裂技术,可以开发出更多的石油资源。

阿拉斯加有两个石油和天然气的集中区域,分别位于阿拉斯加州的北端和中南部的库克湾。

阿拉斯加北坡是美国的石油、天然气产区之一,位于阿拉斯加州布鲁克斯山脉以北到波弗特海沿岸近海区,是一个向斜下降的斜坡带,又称北极斜坡,它是北极外围最重要的油气盆地之一,面积约 $16×10^4$ km²。北部沿海为巴罗隆起,由前泥盆系的基底组成,泥盆系至下白垩统为前陆相沉积,地层向南逐渐加厚,深度加大;南侧的布鲁克斯山原为深海槽沉积区,在早白垩世末逆转成山,并向北冲断,山前出现科维尔洼陷,自晚白垩世起,沉积地层变为自南而北加厚,埋深加大。

阿拉斯加北坡油田(Alaska North Slope 011 Fields)又称北极斜坡油田,地形向北下倾,地质上以复杂的地层和构造为特征,沉积层序包括前泥盆系至第三系,含有许多储油带,区域构造作用形成了许多构造和地层组合,有利于油气藏的形成。20 世纪初在北极滨海平原带发现了油气苗,1923 年开始进行石油地质调查,1944—1953 年开展系统勘探。美国在油库区及邻近地区进行勘探,钻了 57 口测试井,其中 36 口钻至基底,21 口仅钻至浅层的白垩系,发现了少数油气显示。1966—1967 年,在科维尔三角洲有 2 口井钻至密西西比系。1968 年,大西洋富田公司在普拉德霍湾的三叠系河流相砂岩和密西西比系灰岩中发现了油气,1969 年又在发现井以西 48 km 的侏罗系和白垩系岩层中发现了油气。前者标志着美国最大的油气田普拉德霍湾油田的诞生,引起了石油公司对该地区油气勘探的极大兴趣,并使该区成为美国最重要的油气产区之一。阿拉斯加北坡的油气储量大多集中在普拉德霍湾油田,油田以三叠系和侏罗系储层为主,为不整合圈闭油气藏,深约 2 100 m,面积约 500 km²,石油可采储量 $18×10^8$ t,天然气可采储量 $7 280×10^8$ m³。该油田以西的库帕勒克油田,深 1 900 m,可采储量约 $23×10^8$ t。另外,该区还有汤普逊角等大油气田。阿拉斯加北坡在构造上是一个北缓南陡的向斜盆地。从整体上看,该区沉积体系的厚度从北部巴罗角隆起的 700 m 向南增加到科维尔洼陷深部的 9 100 m,沉积岩平均厚度为 5 000 m。普拉德霍湾油田的发现和开发使美国的石油产量和储量在 20 世纪 70 年代达到了新的高峰,在石油冲击时期,对稳定美国石油供应起了重要作用。

阿拉斯加州第二大石油和天然气生产区位于 Cook Inlet,基奈半岛郡境内。自 20 世纪 90 年代以来,一些小型石油公司对 Cook Inlet 地区的石油和天然气的开采和生产产生了浓厚的兴趣,他们采用新的钻井和开采技术,使得该地区的石油产业在长时间的衰退之后重新焕发了活力。

由于地处低温地带,除石油和天然气外,阿拉斯加北坡蕴含着丰富的天然气水合物资源。据美国地质调查局网站报告预测,阿拉斯加州北坡的天然气水合物中含有技术上

可采的天然气 85.4×10^{12} ft^3。按照美国能源部公布的年天然气使用速率计算,这些天然气足够 1 亿家庭使用 10 年。这一预测值大大小于 1995 年美国地质调查局的评估值。导致该差值的原因为 1995 年的评价包括所有的气体量,而此次评价只是针对技术上可采的气体。另外,1995 年的评价包括了阿拉斯加近岸联邦水域资源,而此次评价未将其纳入其中。

由于陆上试采与海上试采相比具有作业方便、成本低等特点,阿拉斯加冻土地区被选为美国天然气水合物技术验证试采的地点。

3.3 阿拉斯加北坡天然气水合物资源评价及样品分析结果

为了确定阿拉斯加北坡天然气水合物资源特征和资源量,研究有效的天然气水合物开采方法,从而使天然气水合物能够真正成为替代能源,自 2001 年开始,美国能源部主导在阿拉斯加北坡进行了数年的天然气水合物研究。该研究分为 3 个阶段,各阶段的主要工作如下。

第 1 阶段:2003—2004 年,主要集中于实验室开采模拟研究。

第 2 阶段:2005 年,对阿拉斯加北坡的水合物资源量进行评估,并进行后期的野外试采。

第 3a 阶段:2006—2008 年,获取进行试采需要的数据,包括钻井、取样和样品分析等。

第 3b 阶段:进行长期试采。

该研究计划由美国能源部资助,英国 BP 石油公司牵头,最终 BP 石油公司完成了该计划第 3a 阶段的工作,在阿拉斯加北坡的 Milne Point Unit 进行了水合物钻井取样,但没有进行第 3b 阶段计划的长期试采工作,而是将第 3b 阶段的工作转让给了康菲石油公司。

3.3.1 阿拉斯加北坡天然气水合物资源评价结果

根据美国地质调查局的初步分析,阿拉斯加北坡天然气水合物的资源量约为 590×10^{12} ft^3,其稳定带分布如图 3-4 所示。其中,在 Eileen 地区具有 33×10^{12} ft^3 的资源量,如图 3-5 和图 3-6 所示。进一步的室内研究分析结果表明,在 Milne Point Unit(MPU)、Prudhoe Bay Unit(PBU)和 Kuparuk River Unit(KRU)等工业基础设施齐全的地区,水合物中气体的最高产量可达 12×10^{12} ft^3。

图 3-4　阿拉斯加北坡气体水合物稳定带

1 mile=1 609.344 m

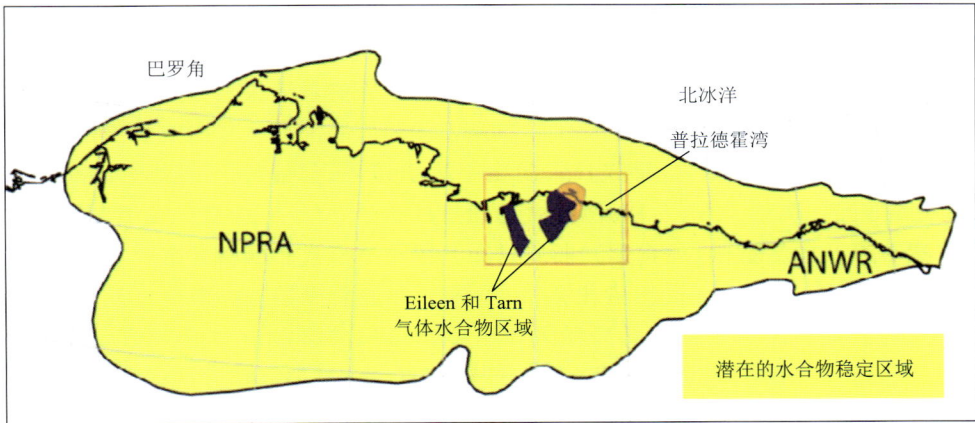

图 3-5　Eileen 地区位置图

　　2007 年 2 月 3—19 日，BP 石油公司在 MPU 地区的 Mount Elbert-01 处成功地进行了地震勘探和钻井取样工作，测井曲线如图 3-7 所示。从图中可以看出，阿拉斯加北坡天然气水合物和下伏自由气共生共存，两者有着密切的关系。这为天然气水合物矿体的勘探和资源的开发提供了一个很好的方向。从样品分析数据（表 3-2）可以看出，该地区水合物样品粒径分布不均匀，从几微米到 200 多微米不等，样品差异较大；样品孔隙度基本在 30％左右，比较均匀，渗透率较高，对天然气水合物资源的开发有利。

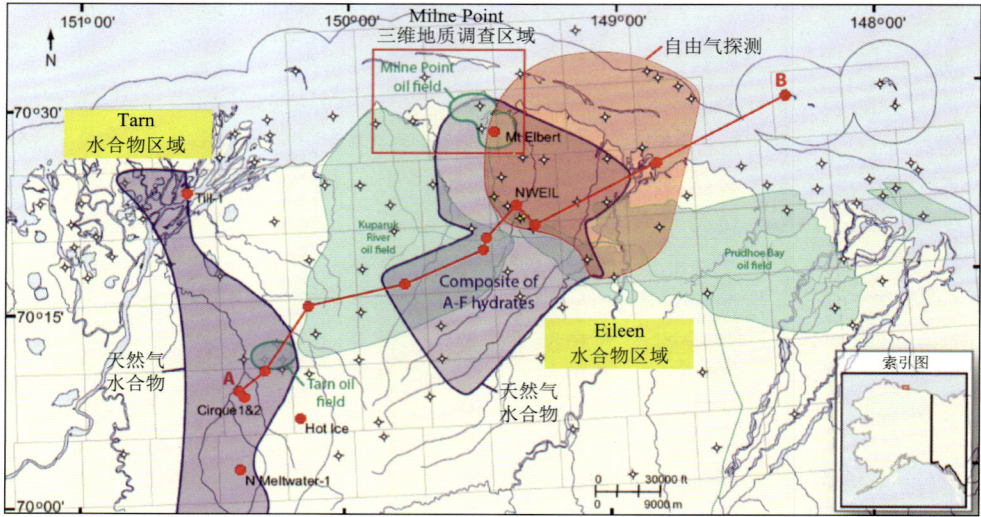

图 3-6　Eileen 和 Tarn 地区水合物资源分布图

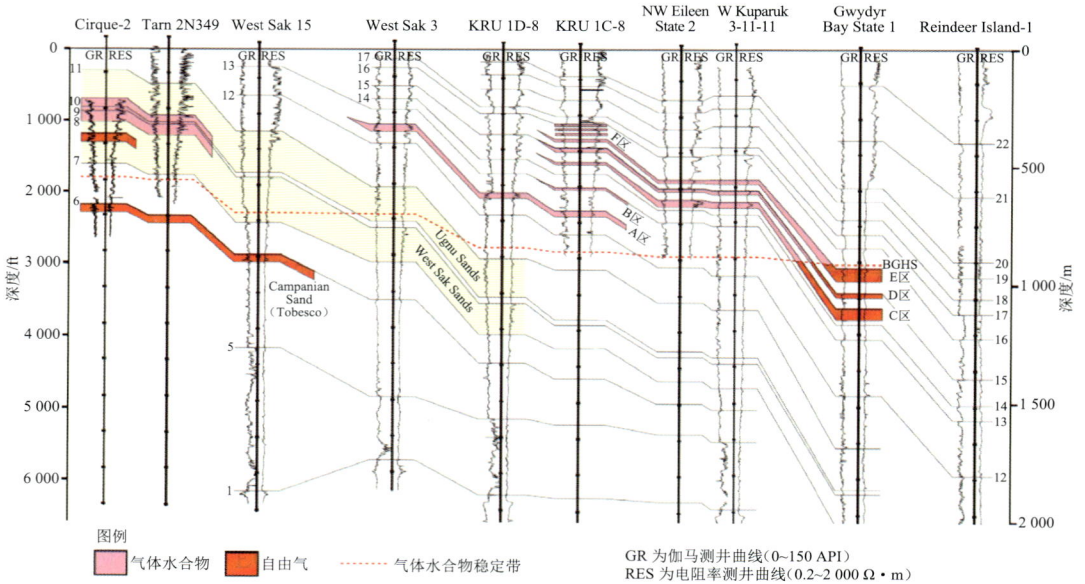

图 3-7　Eileen 地区水合物测井曲线

表 3-2　Mount Elbert-01 井水合物样品分析数据

岩芯编号	样品编号	样品深度/ft	净围压/psi	中值粒径/μm	渗透率/$(10^{-3} \mu m^2)$		孔隙度/%		颗粒密度/$(kg \cdot m^{-3})$
					空 气	克林肯勃格	环 境	电 测	
2	2-2-8	2 017.10	572	10.27	12.2	10.1	33.2	33.1	2.70
2	2-2-21-27B	2 018.35	572	6.76	4.74	3.78	32.6	32.5	2.71
2	2-5-17	2 032.40	576	94.54	2 100	2 020		42.6	2.71
3	3-7-3	2 045.90	580	74.55	1 370	1 310		43.0	2.71
3	3-5-28-34B	2 051.45	582	88.60	1 630	1 570		42.3	2.72
5	5-8-1-6A	2 106.60	597	6.94	1.46	1.15	32.0	31.9	2.72
6	6-5-30-36A	2 124.75	602	25.25	145	131		34.2	2.72
8	8-12-12	2 163.40	613	58.42	675	636		41.0	2.71
9	9-1-2-7A	2 180.25	618	210.07	7 650	7 470		39.9	2.67
12	12-3-6-12A	2 224.15	631	15.58	1.01	0.789	29.0	28.9	2.74
14	14-4-30-33A	2 274.70	645	7.97	2.68	2.12	27.5	27.4	3.21
15	15-17-5	2 301.10	652	62.24	845	772		40.1	2.71
21	21-4-30-35A	2 433.35	690	12.80	1.31	1.03	29.4	29.3	2.71
22	22-4-20-23B	2 454.95	696	9.99	1.34	1.06	30.4	30.3	2.70
23	23-22-7	2 470.60	700	7.23	0.887	0.685	30.5	30.4	2.72
23	23-5-0-5B	2 482.15	704	10.80	0.77	0.586	29.5	29.4	2.71
平均值				43.87	900	871	30.5	34.8	2.74

　　测井和取样分析结果显示,MPU 地区水合物资源分布如图 3-8 所示。该地区存在多个潜在的水合物前景区。该次钻井取样工作表明在阿拉斯加北坡进行水合物试采工作是可行的。BP 石油公司根据研究结果,圈定了 4 个可进行水合物长期试采的地点,如图 3-9 所示。Mount Elbert-01 井地震振幅如图 3-10 所示。

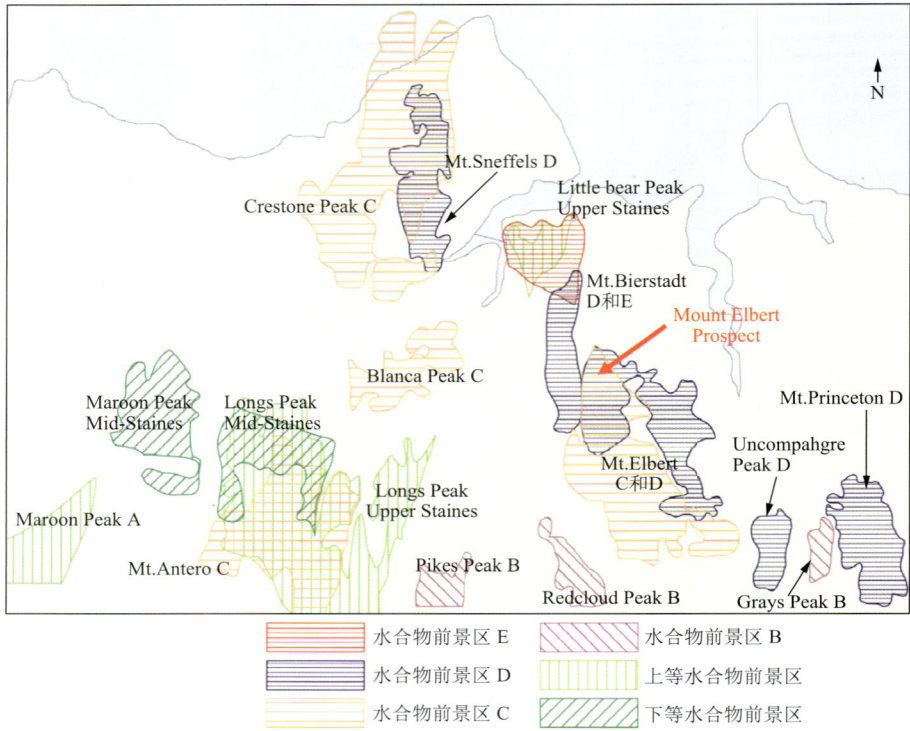

图 3-8　Milne Point Unit 天然气水合物资源前景

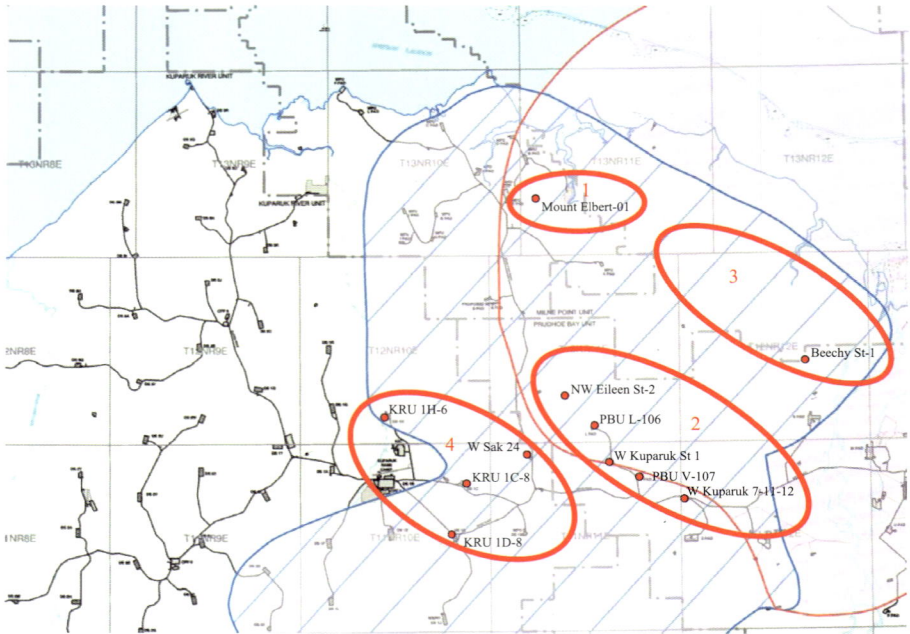

图 3-9　BP 公司选定的 4 个长期水合物试采地点

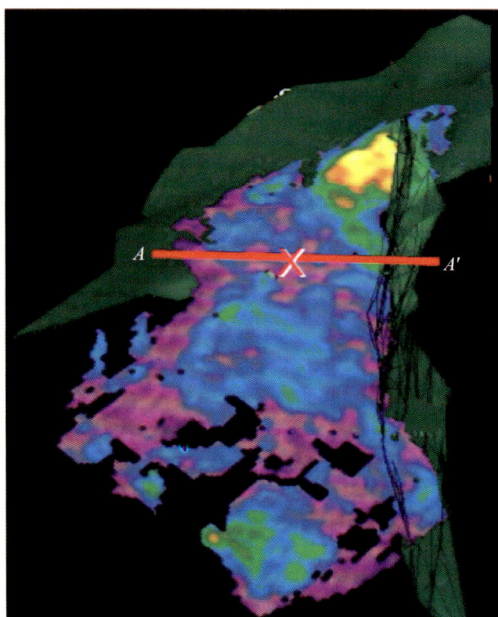

图 3-10　Mount Elbert-01 井地震振幅图
X 表示进行钻井取样的 Mount Elbert-01 位置

3.3.2　阿拉斯加北坡天然气水合物样品分析结果

在阿拉斯加北坡的天然气水合物钻井取样过程中,BP 公司共取得 430 ft 的样品,其中含水合物的样品有 100 ft。共进行了 261 次在线和后期样品分析工作,分析范围包括地球化学、地球物理及样品的物理性质、热力学性质和机械力学性质等,同时开展了测井工作,包括伽马射线、电阻率、中子密度、核磁共振和电磁波测井等。BP 公司选定的不同试采位置的油藏和样品数据如下:

1）MPU Mount Elbert-01 井水合物藏和样品数据

图 3-11 概括了 Mount Elbert-01 井测井数据和取样深度。图中,E,D 和 C 区为水合物带,B 和 A 区没有水合物,这是因为随着深度增加,地层温度升高,高于对应压力下的水合物平衡温度。从图中可以看出,水合物区域显示出了明显的水合物特征。

Mount Elbert-01 井 D 和 C 区的水合物藏特性数据见表 3-3。从表中可以看出,D 和 C 区中水合物的饱和度均约为 65%,孔隙度分别为 40% 和 35%,水力压力分别为 6.7 MPa 和 7.1 MPa,D 区温度在 2.3～2.6 ℃ 之间,C 区温度在 3.3～3.9 ℃ 之间。图 3-12 为 Mount Elbert-01 井 1 区到 PBU L-106 井 2 区横断面示意图。

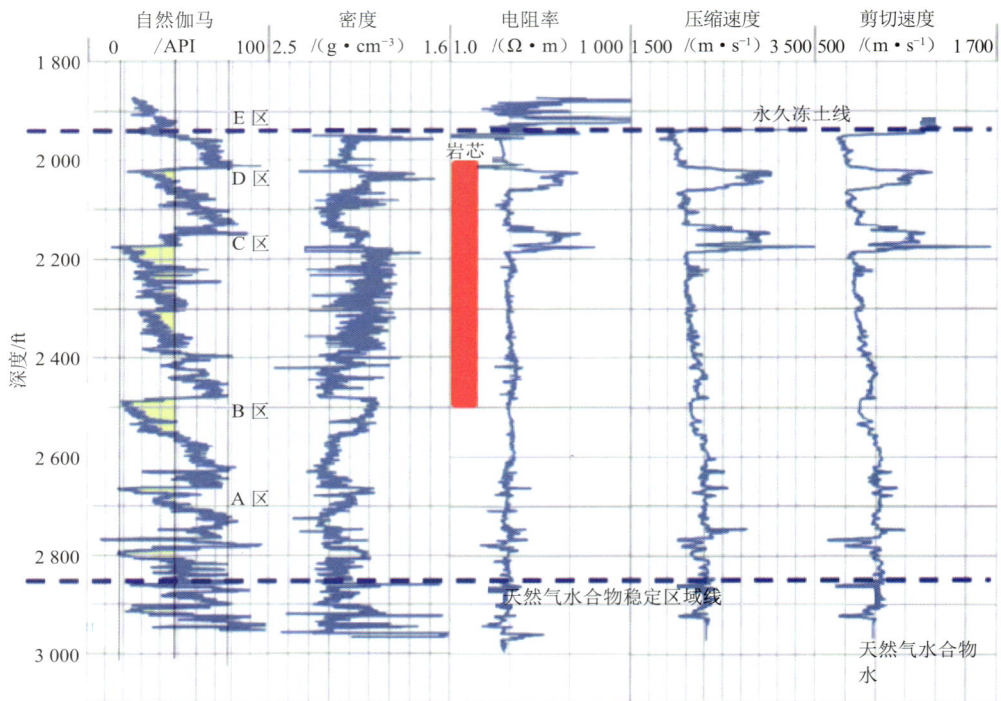

图 3-11　Mount Elbert-01 测井数据

表 3-3　Mount Elbert-01 井 D 和 C 区水合物藏特性数据表

油　藏	Mount Elbert D 区	Mount Elbert C 区
油藏模型	Problem 7a	
水合物层厚度/ft(m)	47(2 014～2 061)	52(2 132～2 184)
上部接触层	页岩层	页岩层
下部接触层	页岩层	水层/滞水层
水合物饱和度/%	65	65
孔隙度/%	40	35
本征渗透率/mD	1.000	1.000
水合物层渗透率/mD	0.12	0.12
水合物藏温度/℃	2.3～2.6	3.3～3.9
水力压力/MPa	6.7	7.1
孔隙水盐度/10^{-12}	5	5

注:1 mD$=10^{-3}$ μm^2。

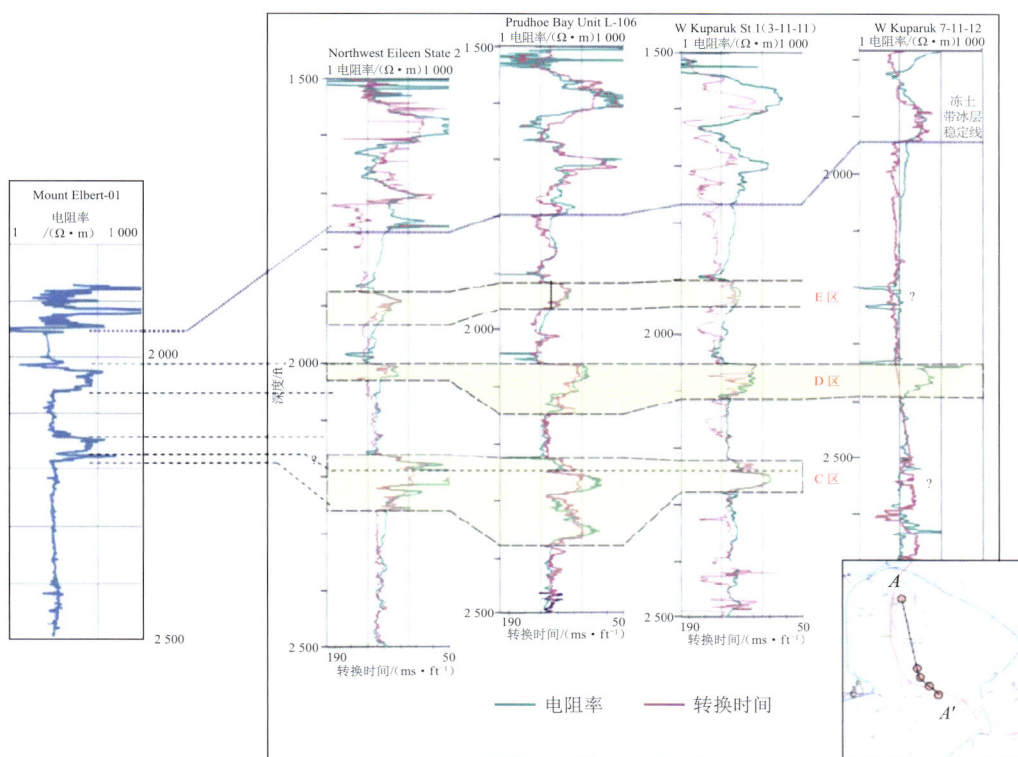

图 3-12　Mount Elbert-01 1 区到 PBUL-106 2 区横断面示意图
图中?表示存疑

2）PBU L-106 水合物藏和样品数据

PBU L-106 C1 和 C2 区及 Doundip C 区的水合物藏特性数据见表 3-4。从表中可以看出，L-106 C1 和 C2 区中水合物的饱和度均约为 75%，孔隙度为 40%，C1 和 C2 区温度在 5.0~6.5 ℃之间，L-106 Downdip C 区温度在 10~12 ℃之间，压力分别在 7.3~7.7 MPa 和 8~9 MPa 之间。图 3-13 为 PBU-106 3 井区到 Downdip C 横断面示意图。

表 3-4　PUB L-106 井 C1 和 C2 区及 Doundip C 区水合物藏特性数据表

油藏性质	L-106 C1 和 C2 区域	L-106 Downdip C 区
油藏模型	Problem 7b	
水合物层厚度/ft	62(C1)/56(C2)	120
上部接触层	页岩层	页岩层
下部接触层	页岩层	页岩层
水合物饱和度/%	75	75
孔隙度/%	40	40
本征渗透率/mD	1,000	1,000

水合物层渗透率/mD	0.12	0.12
水合物藏温度/℃	5.0~6.5	10~12
水力压力/MPa	7.3~7.7	8~9
孔隙水盐度/ppt	5	5

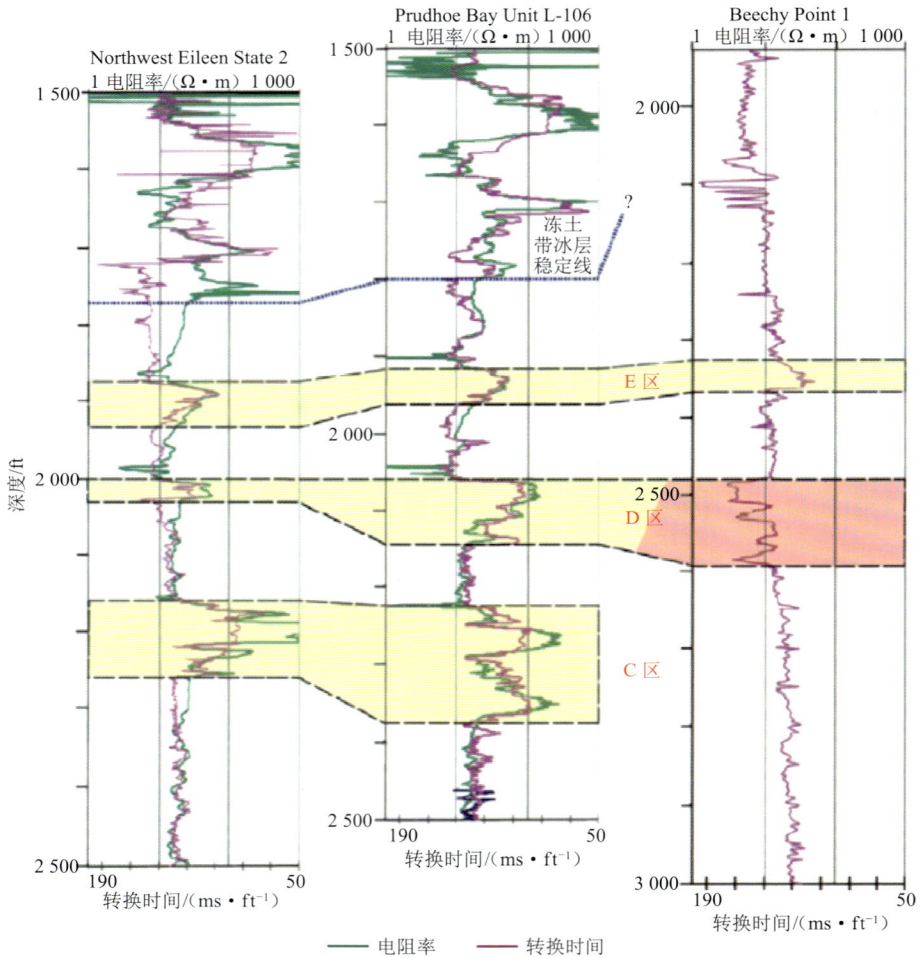

图 3-13　PBU L-106 井 3 区到 Downdip C 区横断面图

3）KRU WSak-24 区水合物藏和样品数据

KRU WSak-24 B 区与 Mount Elbert D 区的水合物藏特性数据对比见表 3-5。从表中可以看出，Mount Elbert D 区和 KRU WSak-24 B 区的水合物饱和度均为 65%，孔隙度均为 40%，温度分别在 2.3~2.6 ℃之间和 10~12 ℃之间，压力分别在 7.3~7.7 MPa 之间和 2.0~3.0 之间。图 3-14 为 KRU 4 区横断面示意图。

表 3-5　KRU WSak-24 区水合物藏特性

油藏性质	Mount Elbert D 区	KRU WSak-24 B 区
油藏模型	Problem 7a	等同 Problem 7a
水合物层厚度/ft(m)	47(2 014～2 061)	40(260～2 300)
上部接触层	页岩层	页岩层
下部接触层	页岩层	页岩层
水合物饱和度/%	65	65
孔隙度/%	40	40
本征渗透率/mD	1.000	1.000
水合物层渗透率/mD	0.12	0.12
水合物藏温度/℃	2.3～2.6	10～12
水力压力/MPa	7.3～7.7	2.0～3.0
孔隙水盐度/10^{-12}	5	5

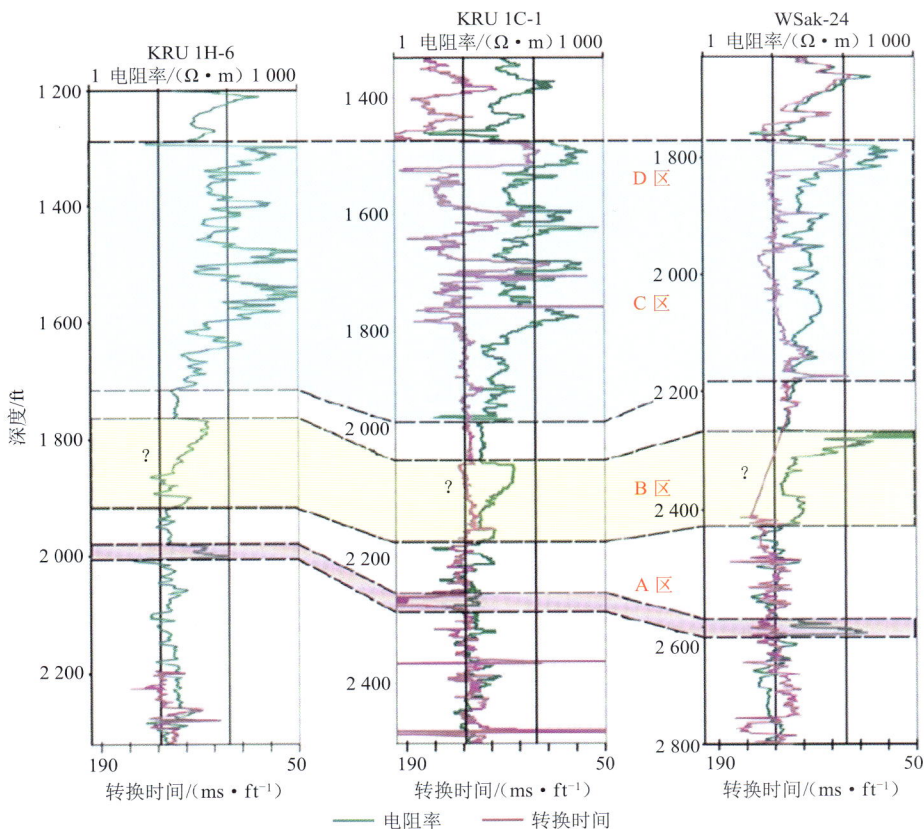

图 3-14　KRU 4 区横断面

从上述勘探和取样分析结果可以看出,阿拉斯加北坡 Eileen 地区天然气水合物资源品质较好,其孔隙度基本在 40% 左右,水合物饱和度很高(65% 以上,有的甚至达到了 75%),远高于一般海上水合物饱和度,水合物藏厚度一般在 50 ft 左右,部分较好的可达到 120~2 300 ft,十分适合作为水合物试采地点。

3.4　阿拉斯加北坡天然气水合物取样新技术的应用

虽然 BP 石油公司并未按计划开展第 3b 阶段的长期试采工作,但它提供了有助于解决天然气水合物开采技术难题的信息。除了提供天然气水合物的形成、分布特点及可能的资源量外,其当时的勘探取样工作还提供了测试极地钻井技术的机会,这些技术在后续阿拉斯加钻井作业中起到了重要作用。

BP 石油公司在阿拉斯加北坡的钻探取样首次成功地展示了一些新技术和设备(图 3-15~图 3-19),如极地钻井平台、移动式水合物岩芯分析实验室、连续取芯钻机的新应用、现代 CAT 扫描仪器的极地测试。此外,在该井中还进行了高分辨率、三维垂直地震剖面(VSP)测量,并采用密集的接收器和震源记录浅层 VSP 数据。这些技术在当时的水合物取样研究中都是前沿技术,部分技术目前仍处于国际先进水平。

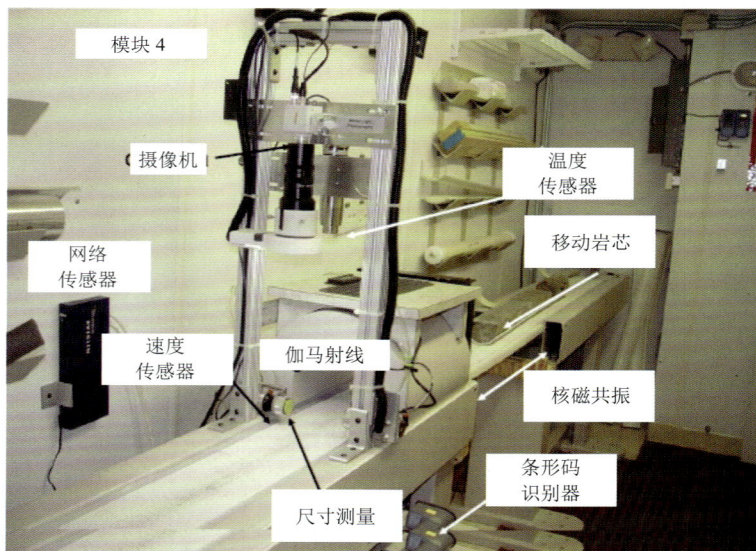

图 3-15　移动式水合物岩芯分析实验室

图 3-16　现场取样分析工作

图 3-17　大量水合物样品的低温(20 ℉左右)储存和运输

℉ = 32 + ℃ × 1.8

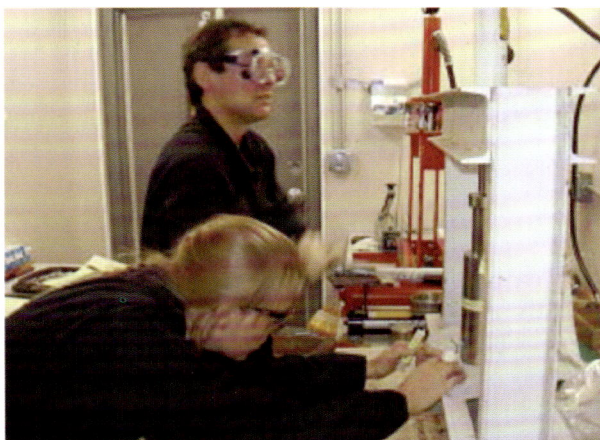

图 3-18　样品分析工作

图 3-19　水合物样品在水中分解图

3.5 阿拉斯加北坡天然气水合物取样项目费用

相关报告显示,BP 石油公司在阿拉斯加北坡总的投入费用见表 3-6。可以看出,截至 2008 年 5 月末,总费用为 8 868 334.53 美元;至 2008 年第三季度末,共花费 9 199 918 美元;至 2009 年第一季度结束,共花费 9 307 652 美元。

表 3-6 阿拉斯加天然气水合物取样费用投入

时　间	投入总计/美元
2001—2008 年 5 月末	8 868 334.53
截至 2008 年第三季度末	9 199 918
截至 2009 年第一季度末	9 307 652

参 考 文 献

[1] ROBERT HUNTER. Resource characterization and quantification of natural gas-hydrate and associated free-gas accumulations in the Prudhoe Bay-Kuparuk River Area on the north slope of Alaska. 4Q2007-1Q2008 Semi-Annual Progress Report. 2008. BP Exploration(Alaska),Inc. (BPXA).

[2] ROBERT HUNTER. Resource characterization and quantification of natural gas-hydrate and associated free-gas accumulations in the Prudhoe Bay-Kuparuk River Area on the north slope of Alaska. 2Q2008-3Q2008 Semi-Annual Progress Report. 2008. BP Exploration(Alaska),Inc. (BPXA).

[3] ROBERT HUNTER. Resource characterization and quantification of natural gas-hydrate and associated free-gas accumulations in the Prudhoe Bay-Kuparuk River Area on the north slope of Alaska. 4Q2008-1Q2009 Semi-Annual Progress Report. 2009. BP Exploration(Alaska),Inc. (BPXA).

[4] ROBERT HUNTER. Resource characterization and quantification of natural gas-hydrate and associated free-gas accumulations in the Prudhoe Bay-Kuparuk River Area on the north slope of Alaska. 2Q2009-3Q2009 Semi-Annual Progress Report. 2009. BP Exploration(Alaska),Inc. (BPXA).

[5] ROBERT HUNTER. Resource characterization and quantification of natural gas-hydrate and associated free-gas accumulations in the Prudhoe Bay-Kuparuk River Area on the north slope of Alaska. 4Q2009-1Q2010 Semi-Annual Progress Report. 2010. BP Exploration(Alaska),Inc. (BPXA).

[6] ROBERT HUNTER. Resource characterization and quantification of natural gas-hydrate and associated free-gas accumulations in the Prudhoe Bay-Kuparuk River Area on the north slope of Alaska. 2Q2010-3Q2010 Semi-Annual Progress Report. 2010. BP Exploration(Alaska),Inc. (BPXA).

[7] ROBERT HUNTER. Resource characterization and quantification of natural gas-hydrate and associated free-gas accumulations in the Prudhoe Bay-Kuparuk River Area on the north slope of Alaska. 4Q2010-1Q2011 Semi-Annual Progress Report. 2011. BP Exploration(Alaska),Inc. (BPXA).

[8] ROBERT HUNTER. Resource characterization and quantification of natural gas-hydrate and associated free-gas accumulations in the Prudhoe Bay-Kuparuk River Area on the north slope of alaska. 2Q2011-3Q2011 Semi-Annual Progress Report. 2011. BP Exploration(Alaska),Inc. (BPXA).

［9］　ROBERT HUNTER. Resource characterization and quantification of natural gas-hydrate and asso-ciated free-gas accumulations in the Prudhoe Bay-Kuparuk River Area on the north slope of Alas-ka. 4Q2011-1Q2012 Semi-Annual Progress Report. 2012. BP Exploration(Alaska),Inc.(BPXA).

［10］　ROBERT HUNTER. Resource characterization and quantification of natural gas-hydrate and as-sociated free-gas accumulations in the Prudhoe Bay-Kuparuk River Area on the north slope of Alaska. 4Q2012-1Q2013 Semi-Annual Progress Report. 2013. BP Exploration（Alaska），Inc.（BPXA）.

［11］　ROBERT HUNTER. Resource characterization and quantification of natural gas-hydrate and as-sociated free-gas accumulations in the Prudhoe Bay-Kuparuk River Area on the north slope of Alaska. 2Q2013-3Q2013 Semi-Annual Progress Report. 2013. BP Exploration（Alaska），Inc.（BPXA）.

［12］　ROBERT HUNTER. Resource characterization and quantification of natural gas-hydrate and as-sociated free-gas accumulations in the Prudhoe Bay-Kuparuk River Area on the north slope of Alaska. Final Technical Report. 2014. BP Exploration(Alaska),Inc.(BPXA).

第四章
阿拉斯加北坡 CO_2 置换法天然气水合物试采

在多种天然气水合物开发方法中,综合考虑环境保护和技术发展趋势等因素,阿拉斯加北坡天然气水合物试采采用了 CO_2 置换法,这也是该方法首次用于现场试验。本章主要讲述阿拉斯加北坡 CO_2 置换法水合物试采过程,以期为水合物开发的研究者提供参考。

4.1　阿拉斯加北坡天然气水合物试采项目概况

2008 年 10 月 1 日—2013 年 6 月 30 日,康菲石油公司接替 BP 石油公司,在阿拉斯加北坡的普拉德霍湾(Prudhoe Bay Unit,图 4-1)进行了利用 CO_2 气体置换开采天然气水合物和降压开采水合物的试验,目的是评估水合物生产方法的可行性并了解其在现场应用中的意义。

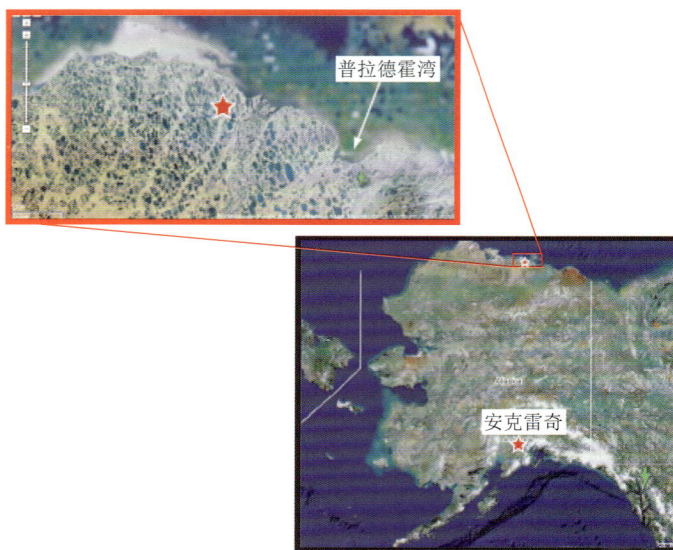

图 4-1　普拉德霍湾位置图

该项目的主要参与者包括康菲石油公司及日本石油天然气和金属国家公司(Japan Oil,Gas and Metals National Corporation,JOGMNC)。利用 CO_2 气体置换开采天然气水合物的概念演示图如图 4-2 所示。该方法主要是利用相同温度条件下 CO_2 的生成压力比天然气的生成压力更低的原理,使 CO_2 可以置换出水合物笼状结构中的 CH_4。

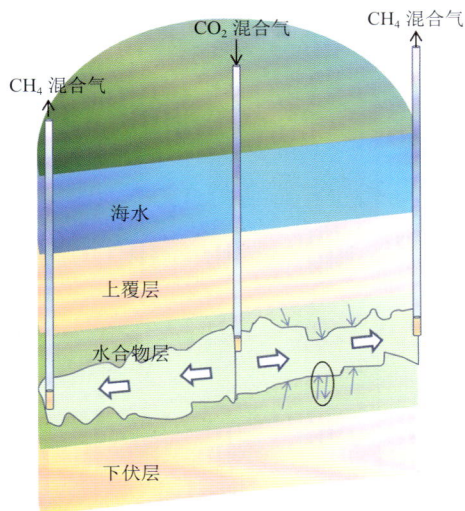

图 4-2 利用 CO_2 置换开采天然气水合物的概念演示图

4.1.1 天然气水合物试采阶段划分

康菲石油公司在阿拉斯加北坡天然气水合物试开采试验中采用注气单井吞吐法置换开采天然气水合物,注入气体为 N_2 和 CO_2 的混合气。

根据当时拟订的工作计划,阿拉斯加注 CO_2-N_2 混合气体置换开采天然气水合物试验分为 3 个阶段:

(1) 在天然气水合物稳定压力以上注入气体;

(2) 在天然气水合物稳定压力附近注入气体;

(3) 在天然气水合物稳定压力以下注入气体。

4.1.2 试验目的

试验的主要目的是在比实验室尺度更大的现场条件下验证 CO_2 置换开采天然气水合物的可行性,同时在第三阶段对降压法开采水合物进行评估。试验的具体目的如下:

(1) 验证实验室研究的 CO_2 置换 CH_4 机理的正确性;

(2) 证实向自然界水合物中注入气体的可能性;

(3) 证实注气置换气体的同时没有水和砂产出;

(4) 获得现场数据以校正数值模拟模型;

（5）证实降压法开采水合物并获得稳定产气的可行性。

4.1.3 测试试验时间安排

水合物试采测试试验主要时间安排如下：

1）2008—2010 年

选择合适的试验测试位置并获得野外测试许可。

2）2011 年

（1）完成测试井 Ignik Sikumi ♯1 的钻井、测井和完井等工作；

（2）进行现场试验试采方案设计。

3）2012 年

（1）进行 CO_2 置换开采天然气水合物试验；

（2）进行降压开采试验；

（3）完成弃井工作。

4.2 阿拉斯加北坡天然气水合物试采基础条件

4.2.1 试采井位置

根据前期的勘探结果，试采选择的测试现场临近普拉德霍湾的 L-106，如图 4-3～图 4-6 所示。选择该处的原因一方面是测井结果显示该处有高质量的水合物藏并取得了样品（图 4-7），另一方面是该处邻近一个正在生产的油田，试采需要的各种设施齐全。这为后期水合物资源的开发提供了一种新的思路，即为了有效降低成本，无论是陆上还是海上，可以依托现有常规油气田设施，或者与常规油气田联合开发，从而早日实现天然气水合物资源的商业化利用。

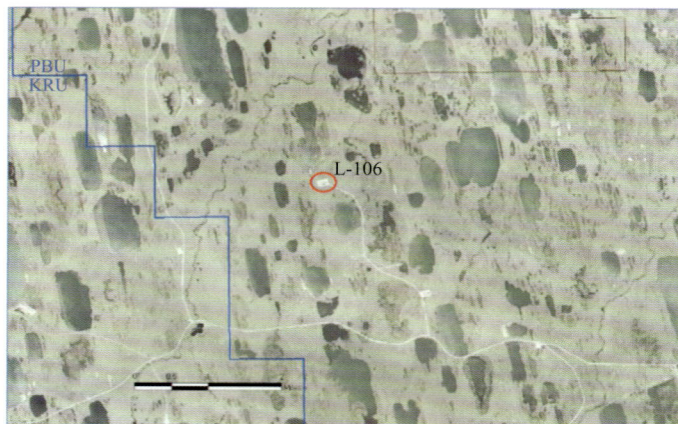

图 4-3 水合物试开采测试位置

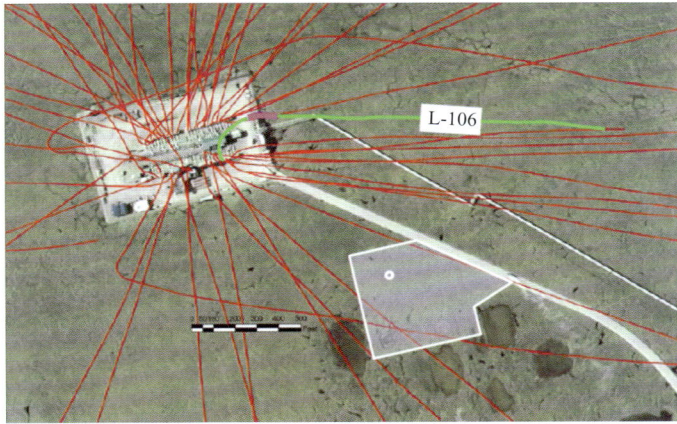

图 4-4　试采井位置图

图 4-5　Ignik Sikumi #1 试采井位置

图 4-6　Ignik Sikumi #1 试采井现场图

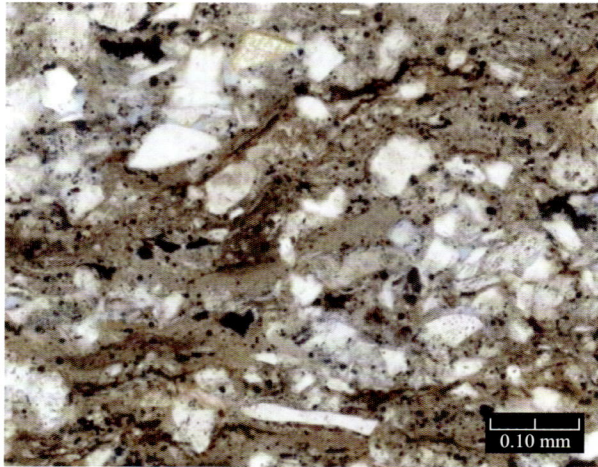

图 4-7　普拉德霍湾水合物样品

4.2.2　试采井地球物理数据

根据阿拉斯加北 2011 年的水合物藏工作成果,天然气水合物试采处的初始水合物藏数据如下:

2 250 ft 井深(MD)处水合物藏压力为 1 000 psi;

2 250 ft 井深(MD)处水合物藏温度为 41 ℉;

水合物平均饱和度为 72%,水平均饱和度为 28%;

水合物层厚度为 30 ft。

水合物测试位置存在一个典型的东西向横断面结构,如图 4-8 所示。该区域面积约为 16 000×16 000 ft²,从顶部的 F 砂层到底部的 B 砂层的厚度约为 1 045 ft。

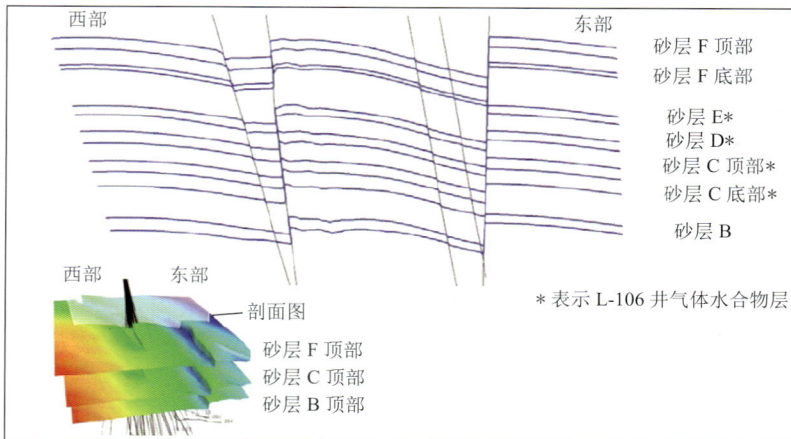

图 4-8　L-106 水合物带东西向横断面结构图

　　L-106 地区 Ignik Sikumi ♯1 测试井的数据如图 4-9 所示。在测井过程中,分别记录了自然伽马、泥浆录井的总气量、声波、电阻率、中子密度和 CMR、岩石参数及渗透率等,根据这些测井数据,采用不同方法计算得到的水合物饱和度数据如图 4-10 所示。从结果可以勘查,Archie's 方程和核磁共振(NMR)方法结果较为接近,与声波方法有一定差别,但各种方法都显示 C 层顶部水合物饱和度较高。

　　测井过程中声波对应的水合物饱和度数据以及与模型预测的数据对比如图 4-11 所示。从图中可以看出,实际数据与水合物层的数据较为接近,与砂岩接触层和孔隙水填充层的数据差距较大。

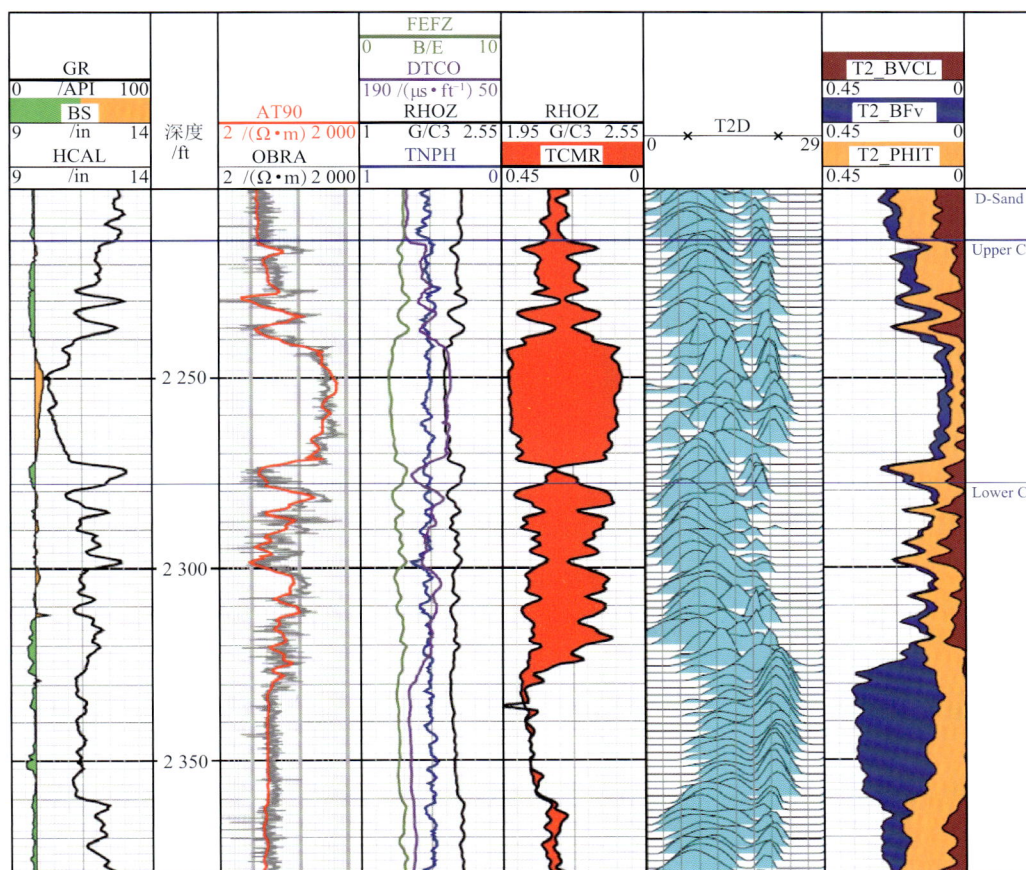

图 4-9　Ignik Sikumi #1 井测井数据

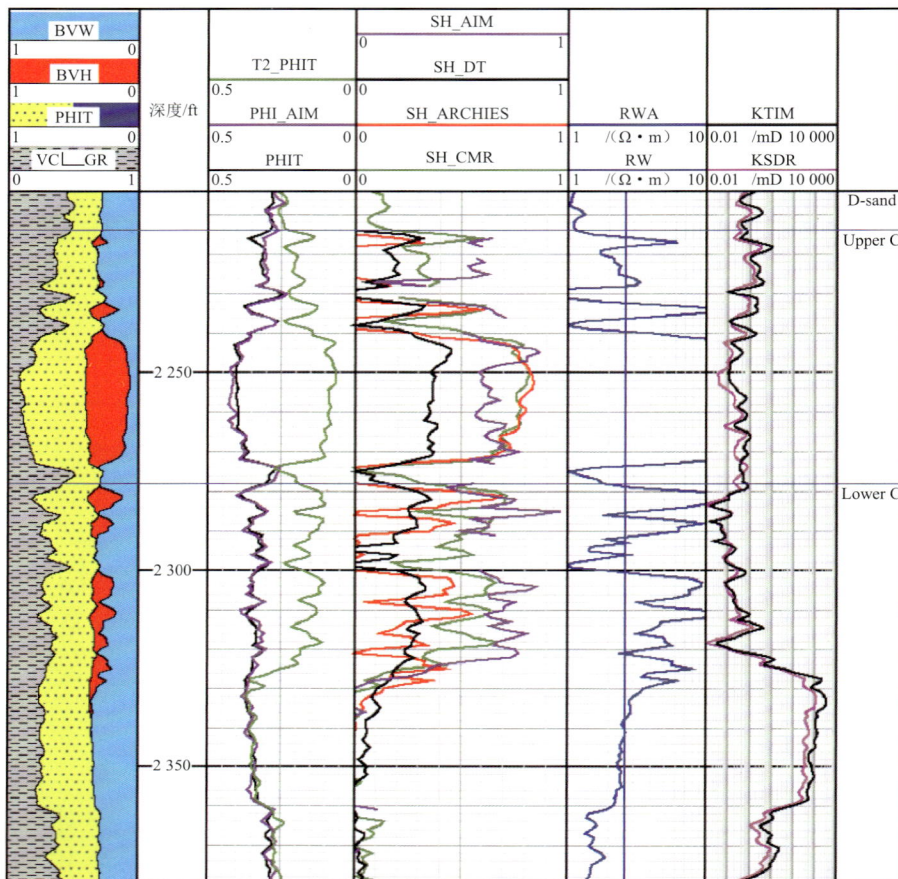

图 4-10 计算得到的水合物饱和度

红色表示 Archie's 方程,绿色表示核磁共振方法,紫色表示多矿物溶液方法,黑色表示声波法

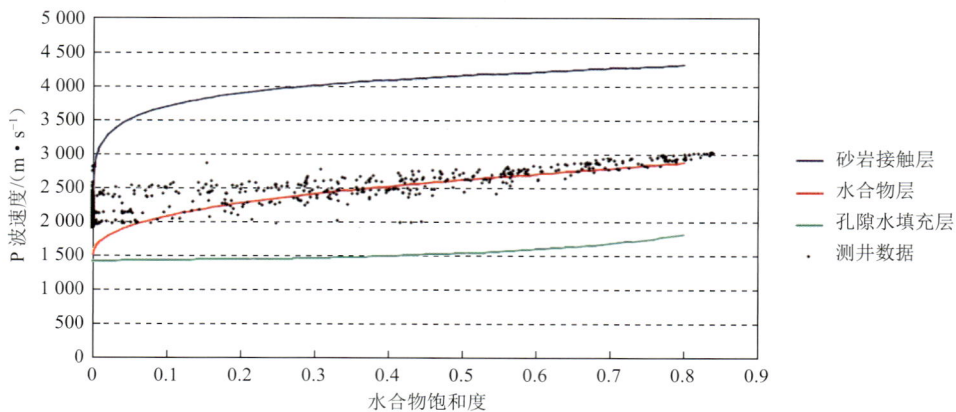

图 4-11 Ignik Sikumi #1 测试井水合物饱和度图

表 4-1 列出了阿拉斯加水合物试采不同测试阶段井底压力和气体注入速率。

表 4-1 阿拉斯加水合物试采不同测试阶段数据

	预注入阶段		注 N_2 阶段		注 CO_2+N_2 阶段		水合物平衡压力以上阶段		水合物平衡压力以下分解阶段	
	最小值	最大值	最小值	最大值	最小值	最大值	最小值	最大值	最小值	最大值
井底压力/psi	750	1 000	1 000	1 400	1 000	1 400	750	1 000	0	750
井底温度/℉	42	42	35	45	35	45	35	45	35	45
气体注入速率 /(gal·min^{-1})	—	—	0.25	2	0.25	2				
气体产出速率 /(Mcf·d^{-1})	0	0	—	—	—	—	100	100	50	150
水产出速率 /(bbl·d^{-1})	0	75	—	—	—	—	50	50	50	400

4.3 阿拉斯加北坡天然气水合物试采方案设计和结果

4.3.1 试采井设计

阿拉斯加北坡水合物试采测试井及其套管设计(包括钻进深度)如图 4-12 所示。表层套管的孔径为 10¾ in(1 in＝25.4 mm),钻井深度达到 1 475 ft,生产套管孔径为 7⅝ in,钻井深度达到 2 825 ft,下到 B 层砂体的下部 200 ft 处。测试井套管设计主要考虑两个因素:一是锥形套管柱,用于装载设备并安装到位;二是上部加热套管柱,将井筒孔径转换为 4½ in。

水合物试采完井设计如图 4-13 所示。

10¾ in 套管结合在 13½ in 套管表面,随后的 7⅝ in 和 4½ in 套管用低水化热黏合剂粘贴,以最大限度地减少水合物的分解。

在图 4-13 中,黄色标识的是光纤分布式温度传感器(DTS),夹在套管外部并延伸到底部;红色标识的是 3 个表面读数压力/温度计,安装在 4½ in 套管上。黑色标识的是电缆线,附着在套管外部,与 DTS 相连。底部压力表可在完井作业期间监控流体填充情况;上部和中部仪表都安装在 C 层砂体的上方,在油嘴和密封孔之间安装了一个测量仪器,可以显示射孔后防砂筛顶部和底部的情况。

井身设计中,有 3 根¾ in 管柱安装在套管外部并捆绑在一起,其中 2 根¾ in 套管(图中以红色显示)是开放式运行的,可以循环流体,用于加热上部井筒。这种加热设备

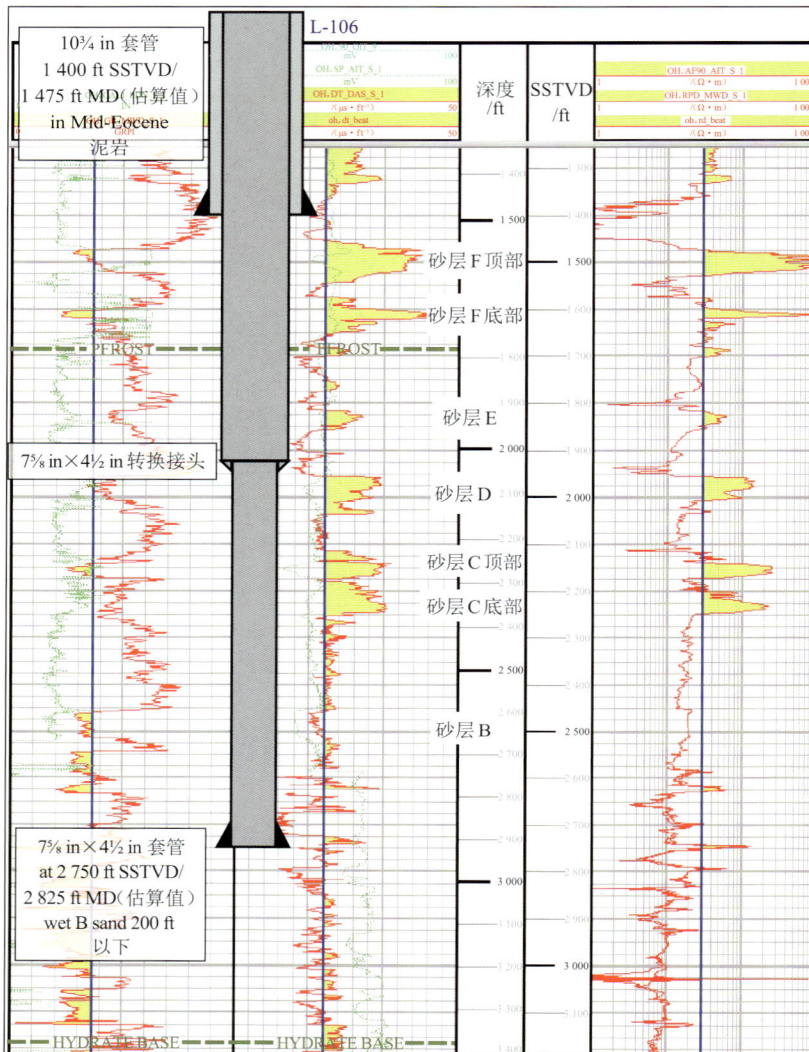

图 4-12　测试井结构和套管设计

可以使 7⅝ in 套管和 4½ in 套管之间形成热交换，有利于在测试设定温度下注入流体的输送并防止流体在永久冻土带中结冰。

第 3 个 ¾ in 管柱上安装了化学药剂注入系统，如图 4-13 中蓝色线所示。系统中还设计了气举系统。气举系统主要具有 4 种功能：从环空中举升流体、举升 4½ in 套管中的流体、额外安装一个压力温度计、作为堵塞和弃井作业期间钻井液的循环口。

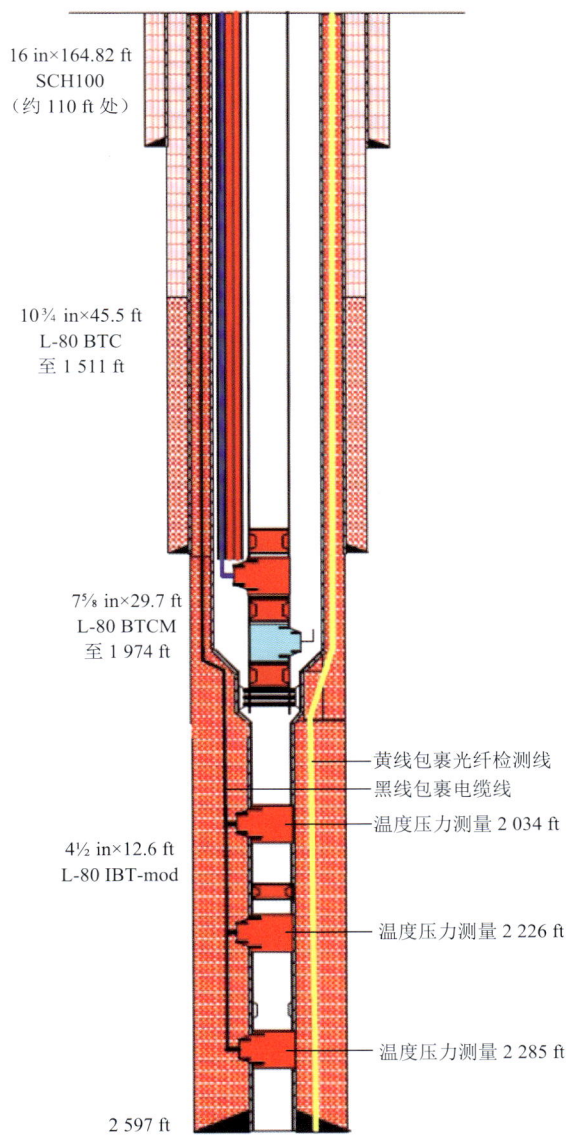

16 in×164.82 ft
SCH100
（约 110 ft 处）

10¾ in×45.5 ft
L-80 BTC
至 1 511 ft

7⅝ in×29.7 ft
L-80 BTCM
至 1 974 ft

4½ in×12.6 ft
L-80 IBT-mod

黄线包裹光纤检测线
黑线包裹电缆线
温度压力测量 2 034 ft

温度压力测量 2 226 ft

温度压力测量 2 285 ft

2 597 ft

图 4-13　测试井完井设计图

图 4-14 提供了更详细的井身示意图，并显示了设备在储层中的位置。

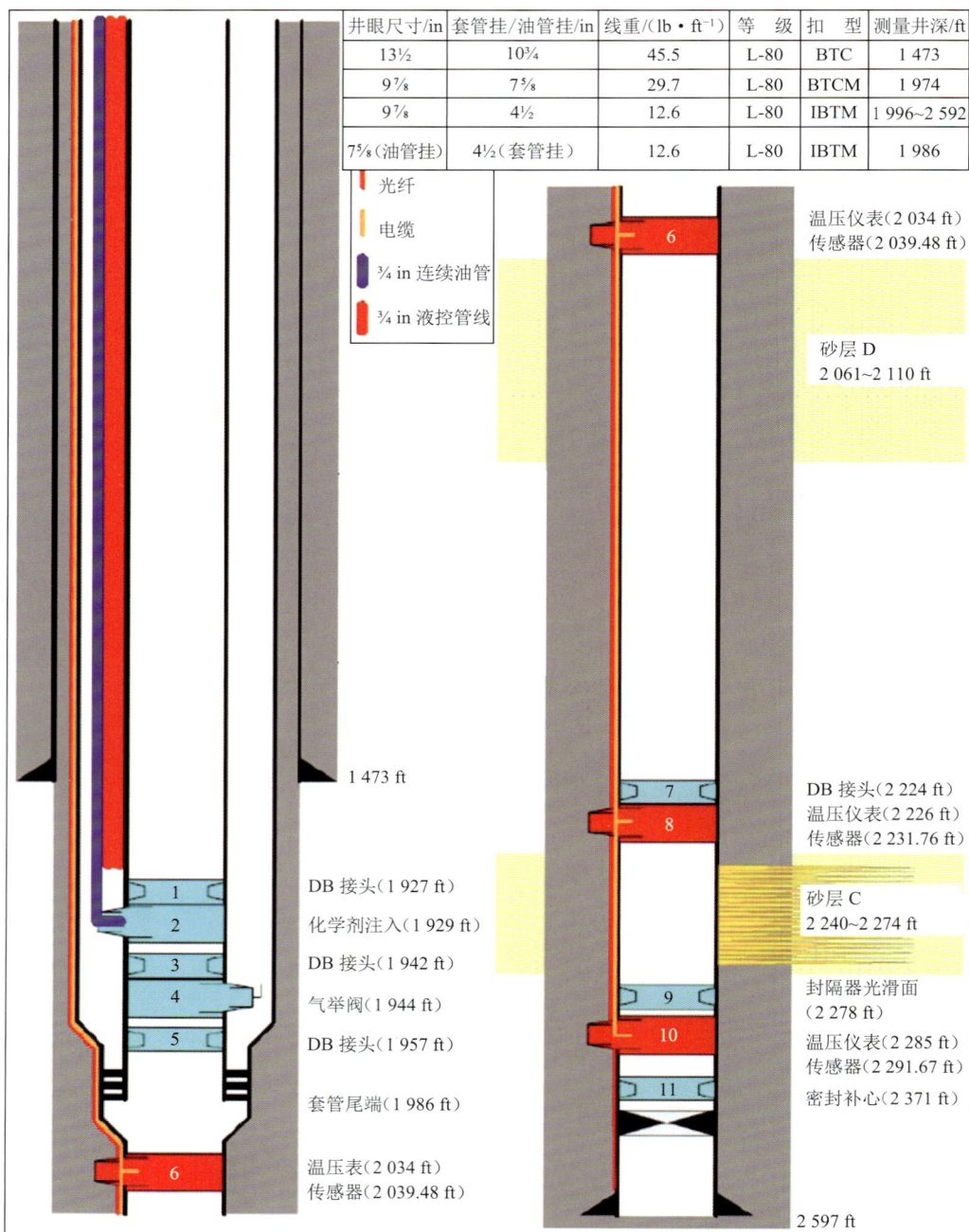

井眼尺寸/in	套管挂/油管挂/in	线重/(lb·ft⁻¹)	等 级	扣 型	测量井深/ft
13½	10¾	45.5	L-80	BTC	1 473
9⅞	7⅝	29.7	L-80	BTCM	1 974
9⅞	4½	12.6	L-80	IBTM	1 996~2 592
7⅝（油管挂）	4½（套管挂）	12.6	L-80	IBTM	1 986

图 4-14　详细的井身示意图

1—DB 接头；2—化学剂注入阀；3—DB 接头；4—气举阀；5—DB 接头；6—温压表；7—DB 接头；

8—温压表；9—封隔器光滑面；10—温压表；11—密封补芯

1 lb= 454 g

4.3.2　试采过程设计

阿拉斯加北坡测试试验的设计满足以下条件和工艺限制：

（1）水合物和过量的水平衡共存；

（2）自由水可以生成水合物；

（3）新水合物的形成可以急剧降低渗透率，如图 4-15 所示；

（4）氮气可以举升水，但不能分解水合物。

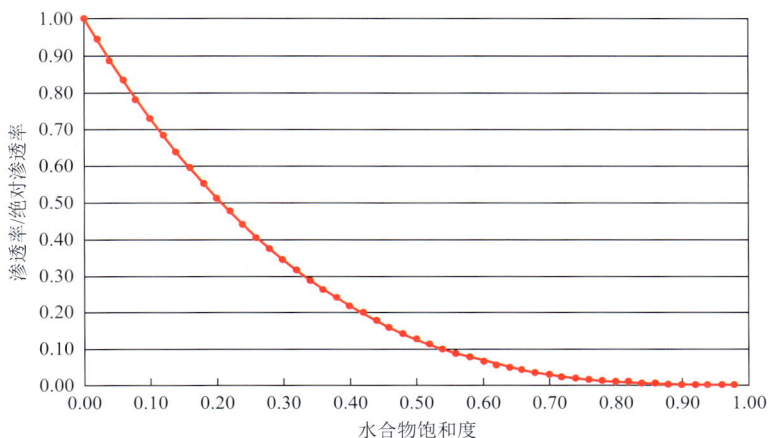

图 4-15　渗透率/绝对渗透率随水合物饱和度的变化曲线

4.3.3　CO_2-N_2 混合气体注入方案

阿拉斯加北坡水合物试采测试最初考虑的是向地层中注入纯 CO_2 气体进行天然气水合物置换开发，前期研究的重点主要集中在如何保持井底压力上，因为在目标区的地层压力和温度下 CO_2 气体会液化。但研究发现，注入过量的 CO_2 气体会导致它和自由水生成 CO_2 水合物，从而减小水合物层的渗透率。因此，提出了注入 CO_2 和 N_2 混合气体的方案。该方案一方面可以保持注入压力，另一方面又可以降低注入气体中 CO_2 的分压，避免 CO_2 气体与自由水形成水合物。

注入的混合气体需要保持井底流压并促使 CO_2 与 CH_4 发生置换，因此 CO_2-N_2 混合气体组分的确定十分重要。另外，要避免近井区 CO_2 水合物饱和度过高。研究的气体组分中 CO_2-N_2 混合物的 CO_2 摩尔分数由 60％变化到 20％。其中，CO_2 比例的上限取值应略低于目标条件下的液化压力，因为 CO_2 比例再增大时，注入的 CO_2 气体将会液化，而 CO_2 比例再小，则分压不够，不容易置换出 CH_4。

图 4-16 和图 4-17 对比分析了两种不同注入气体组分条件下水合物饱和度的变化情况。其中，初始的水合物饱和度为 50％，水合物藏的初始温度、压力和井底注入条件均相同。

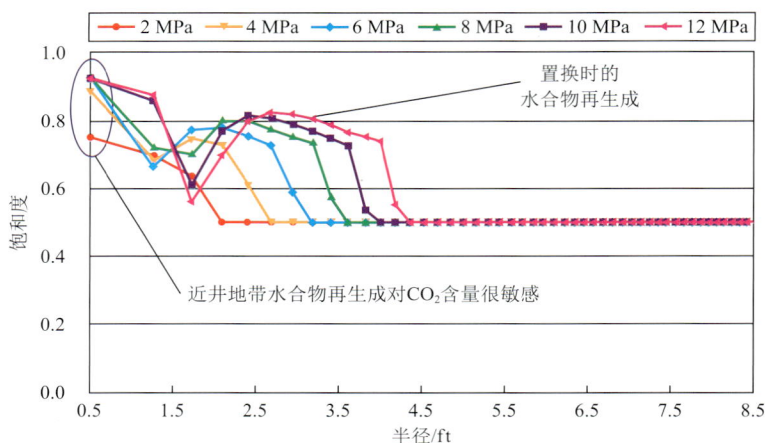

图 4-16　35% CO_2 注入条件下水合物饱和度随注入压力的变化情况

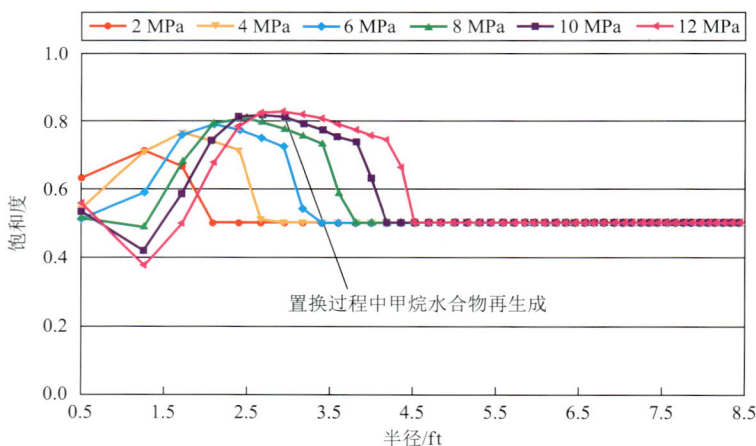

图 4-17　23% CO_2 注入条件下水合物饱和度随注入压力的变化情况

　　从图中可以看出,当注入混合气体中 CO_2 占比为 35% 时,在近井区,随着气体的注入,水合物饱和度急剧升高,从 75% 上升到 93%;当注入混合气体中 CO_2 占比为 23% 时,在近井区,随着气体的注入,水合物饱和度升高较少,从 50% 上升到 63%。考虑到气相的初始有效渗透率很低,水合物饱和度为 50% 时渗透率约为 1 mD,为了有利于水合物开发,确定注入气体中 CO_2 的占比不高于 25%。

　　值得注意的是,上述两种情况下都存在地层深处形成水合物的现象。这种水合物的形成与置换前沿气相的交换驱动有关。在置换前沿,游离水可形成额外的水合物。随着气体的连续注入,高水合物饱和度边界逐渐从近井地带向远端移动,且最大水合物饱和度稳定在 80% 左右。在其他组分范围的研究中,也得到了这种结果。

研究结果表明,在测试的组分范围内,地层水合物的形成会对注入能力造成一定的影响,注入效果也会因此受到影响。地层水合物的形成与气体的组分有很大的关系。敏感性分析研究表明,合适的注入气体组分为 $23\%CO_2+77\%N_2$。

4.3.4　天然气水合物试开采结果

1)钻井和 CO_2-N_2 混合气体预注入

阿拉斯加北坡水合物试采从 2012 年 1 月开始,2012 年 5 月因井被堵塞而弃井,结束试采。2012 年 2 月 15 日 8 时 15 分开始钻井,试采水合物区埋深范围为 2 243~2 273 ft,厚 30 ft。钻井过程引起整个水合物地层温度升高约 10 ℉,3 h 后地层温度逐渐降低到钻前正常温度,如图 4-18 所示。钻井过程中,持续注入 N_2 和 CO_2 的混合气体,维持地层压力在 1 350 psi 左右。

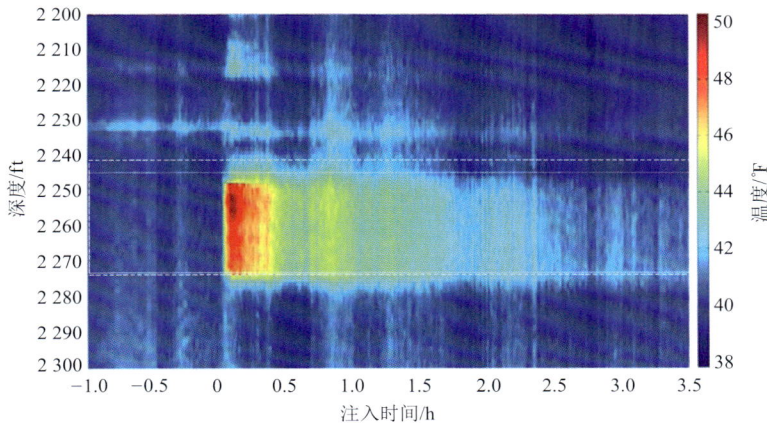

图 4-18　钻井过程温度变化

试采采用注气单井吞吐置换开采方法,注入的气体为 N_2 和 CO_2 的混合气体。在大规模注入气体之前,首先进行了预注气试验,目的是查看气体注入对地层压力的影响。预注气试验从 2012 年 2 月 15 日 8 时 15 分开始,如图 4-19 所示。

从图中可以看到,共进行了 3 次混合气体的预注入试验,主要注入阶段有 2 次,每次约 45 min,注入速率为 120 Mscf/d。注入混合气体的同时监测了地层压力(2 226 ft 处)的变化情况,结果表明随着混合气体的注入,地层压力迅速升高,当停止注入气体时,其压力随即降低。压力监测结果还表明,注入气体对地层压力的影响比预想的大。

2)混合气体注入阶段

在进行了混合气体预注入试验后,从 2012 年 2 月 15 日 13 时 45 分开始,正式进行了为期约 14 d 的混合气体注入工作,并于 2012 年 2 月 28 日 7 时 45 分结束。在正式的注气过程中,没有采用固定的气体注入速率,而是通过改变气体的注入速率来维持地层压力在 1 420 psi 基本不变,如图 4-20 所示。

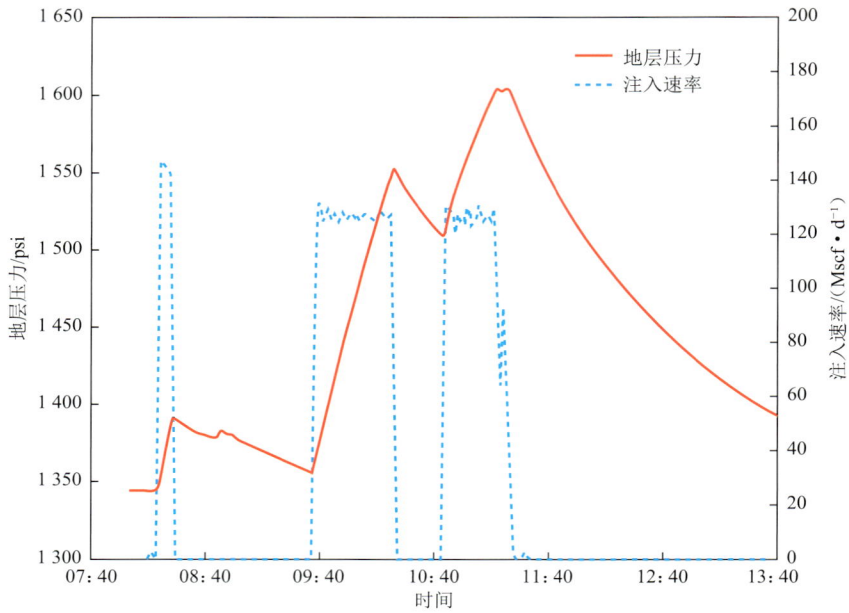

图 4-19　预注气试验

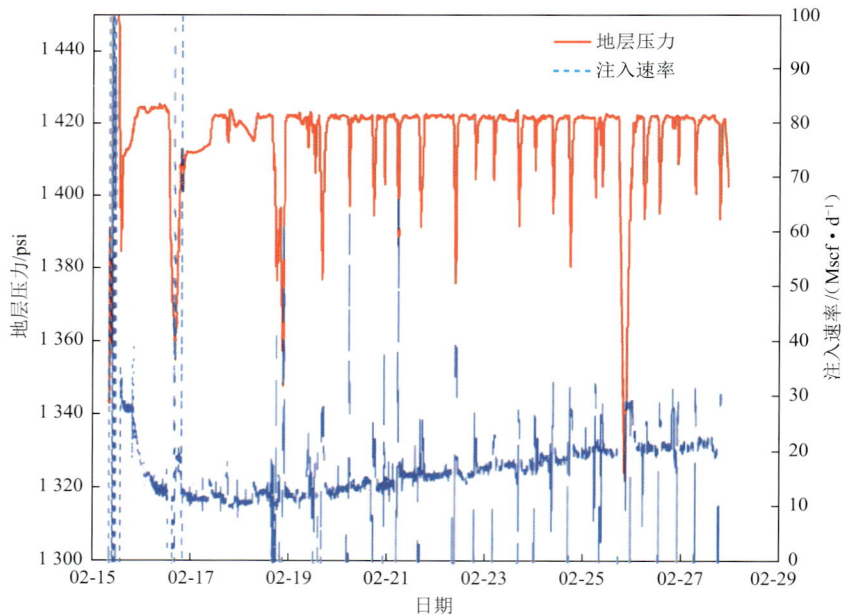

图 4-20　正式注气过程

注气过程中保持地层压力在 1 420 psi 左右，这是因为该注气压力高于地层注气点的原始压力（1 055 psi），可防止注气过程中水合物发生分解，同时该注气又低于地层的破裂压力（1 435 psi）。

在为期 14 d 的注气过程中,气体总的注入体积为 215.9 Mscf,其中 N_2 167.3 Mscf,CO_2 48.6 Mscf,注气过程中严格控制混合气体的组分。

在预注气和正式注气过程中,利用钻完井时安装的温度测量器对地层温度变化情况进行监测,2 230.9 ft 处两个不同测量装置监测的温度结果如图 4-21 所示。从监测结果可以看出,虽然注入的混合气体的温度在 90～100 °F 之间,但在预注气和正式注气过程中,地层的温度变化很小。分析认为这是因为混合气体的注入速率较小,注入过程中在达到注入点之前已经冷却到接近地层温度。

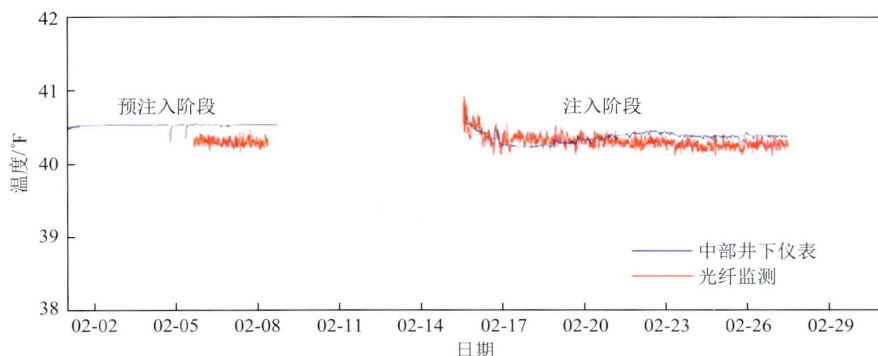

图 4-21　预注气和正式注气过程中 2 230.9 ft 处的温度变化

整个注气过程中的气体注入速率、井底压力和不同深度处温度的变化如图 4-22 所示。

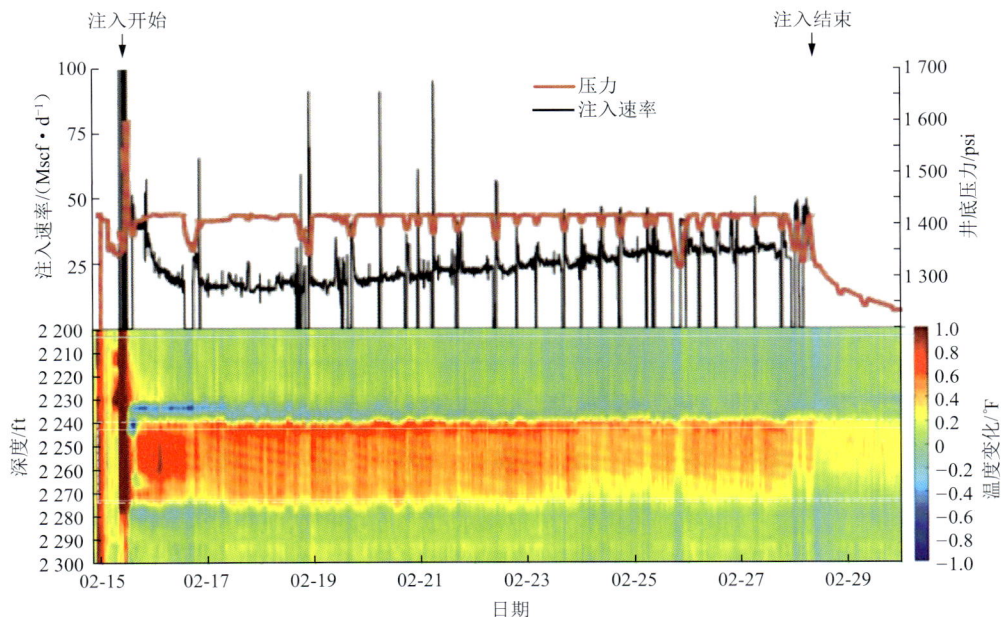

图 4-22　整个注气过程中气体注入速率、井底压力和地层温度的变化图

3) 焖井过程

CO_2-N_2 混合气体注入过程结束后,关闭井口进行焖井。焖井过程从 2012 年 2 月 28

日开始,至 2012 年 3 月 4 日结束。焖井过程的温度改变和压力变化情况如图 4-23 所示。从图中可以看出,在整个焖井过程中,井底压力从 1 320 psi 降到了 1 200 psi,而温度变化较小,这是因为注气过程中温度变化本身较小。

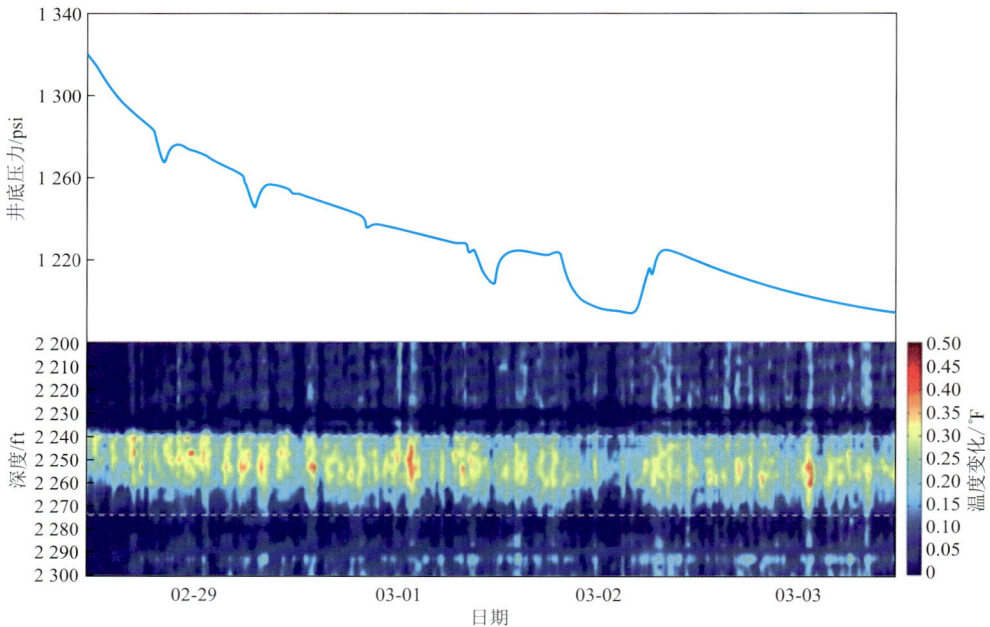

图 4-23   焖井过程中温度和压力的变化

4) 气体生产过程

(1) 试采过程中的压力、温度和产气结果。

注 CO_2-N_2 开采天然气水合物试验分为两个过程:第一个过程为自由流动,即生产过程中产生的气体和水主要通过自由流动的方式产出;第二个过程为举升过程,即生产流体通过举升泵输送到地面。试采试验以第二个过程为主。第二个过程又分为 3 个阶段:第一阶段为低速流动阶段,生产压力保持在井底温度对应的水合物平衡压力以上,持续时间约为 7 d;第二阶段为高速流动阶段,生产压力维持在井底温度对应的水合物平衡压力附近,持续时间约为 2.5 d;第三阶段为增速流动阶段,生产压力维持在井底温度对应的水合物平衡压力以下,持续时间约为 19 d。

图 4-24 描述了试采过程中的压力、累积产气和累积产水量变化情况。从图中可以看出,整个试采过程中共产出水约 1 136.5 bbl,产出气体约 991.55 Mscf。

图 4-24 显示,在试采的自由流动过程中,地面产出物只有气体而没有游离水,但是实际结果显示,在自由流动过程后期,游离水已经充满了整个生产井,需要经过举升方法将水排出。从图中还可以看出,人工举升后,气体和水的产出速率迅速提高。

水合物试采过程中的温度变化如图 4-25 所示。从图中可以看出,整个试采过程中,地层不同位置的温度变化虽然存在一定的差别,但总体趋势都在降低,其温降约为 8 ℉。

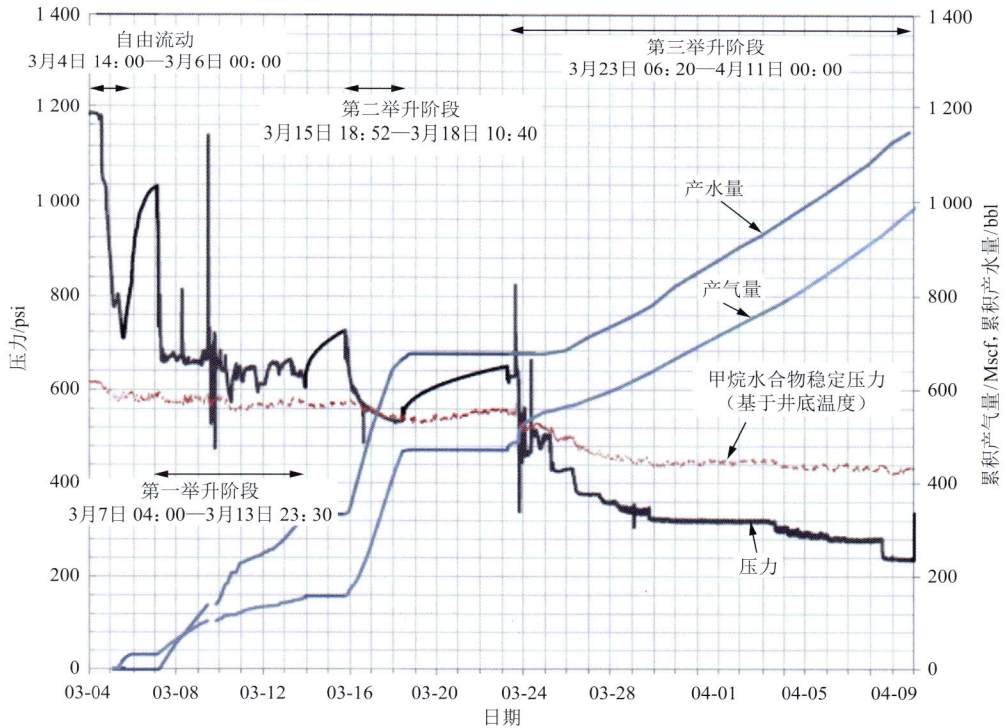

图 4-24　试采过程中的压力、累积产气量和累积产水量变化图

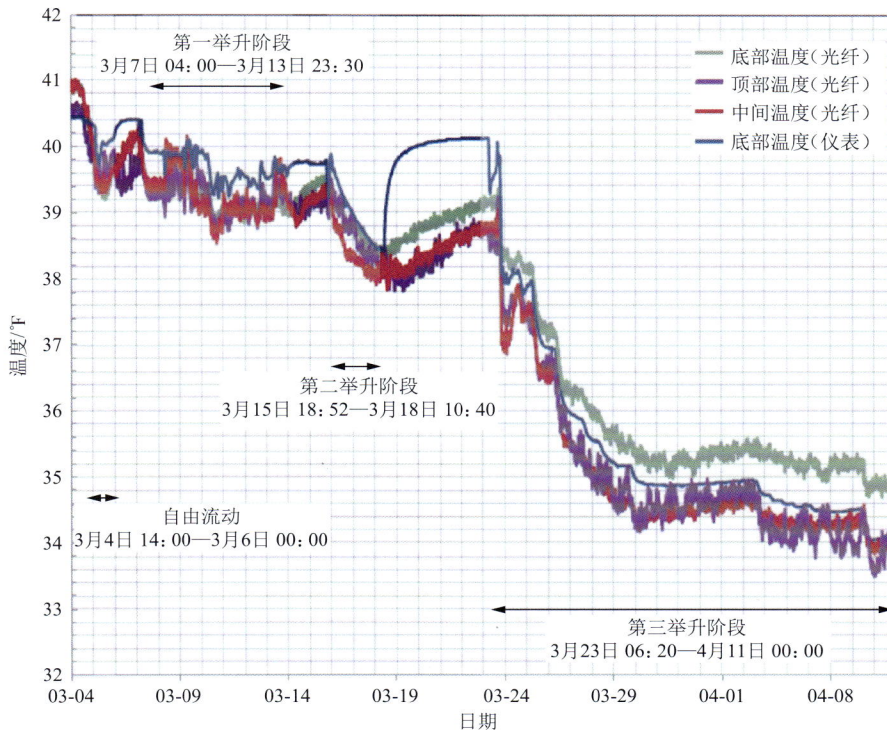

图 4-25　试采过程中的温度变化

试采过程的产气速率、井底压力和温度变化情况如图 4-26 和图 4-27 所示。从图中可以看出,产气速率越大,温度变化越剧烈,且温度变化主要发生在试采段,即深度 2 240～2 270 ft 段,该段上部和下部温度变化较小。

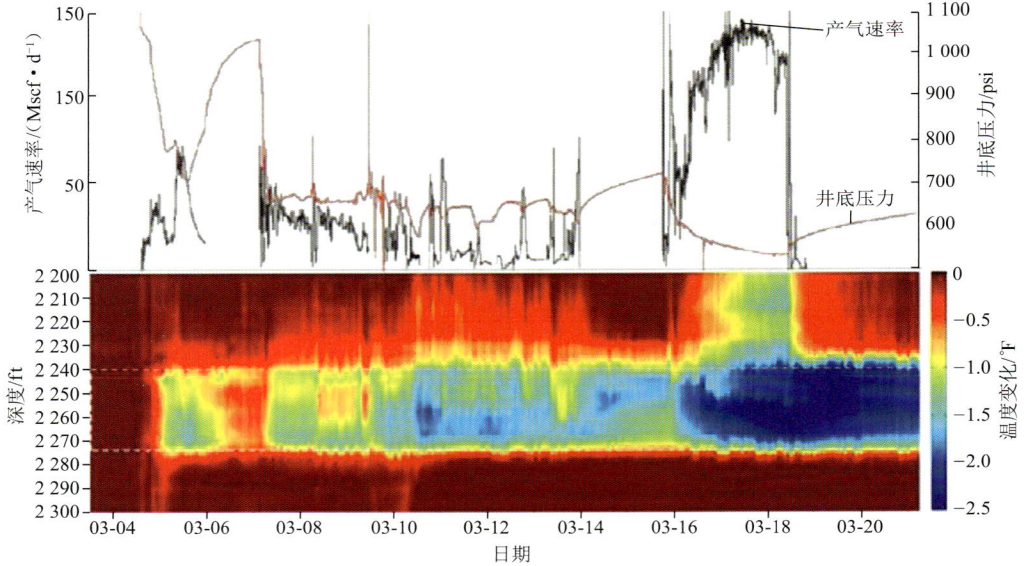

图 4-26　第一过程和第二过程前两个阶段的产气速率、井底压力和温度变化情况图

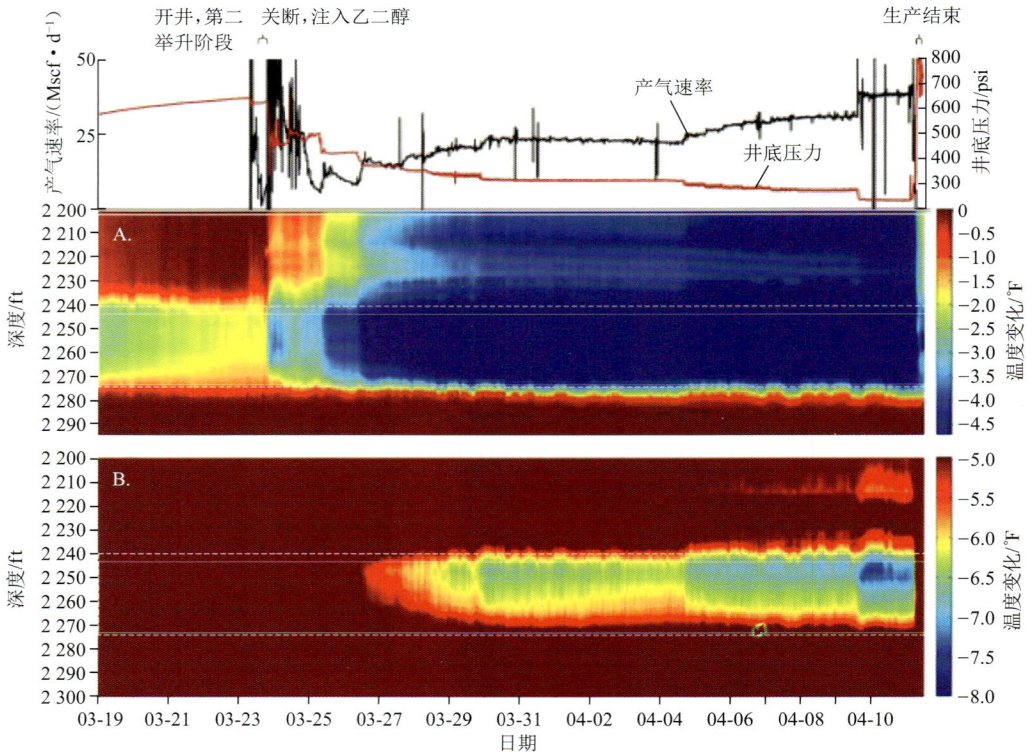

图 4-27　第二过程第三阶段的产气速率、井底压力和温度变化情况图

（2）试采过程中的气体组分分析。

试采过程中利用在线气相色谱仪对产生的气体进行了组分分析。产出气的主要组分为 CH_4，N_2 和 CO_2。为了方便分析，对这 3 种气体的含量进行归一化处理，结果如图 4-28 所示。从图中可以看出，在试采过程中，产出气主要为 CH_4，即使是在试采开始时，如在举升过程的第一阶段，产出气中 CH_4 的摩尔分数也在 $70\%\sim80\%$ 之间，在举升过程的第二阶段，产出气中 CH_4 的摩尔分数迅速升高到 94% 左右，而在举升过程的第三阶段，产出气中 CH_4 的摩尔分数更高，基本稳定在 95% 左右，这就充分说明利用 CO_2-N_2 混合气体置换开采天然气水合物的方法是可行的，置换出的气体燃烧如图 4-29 所示。

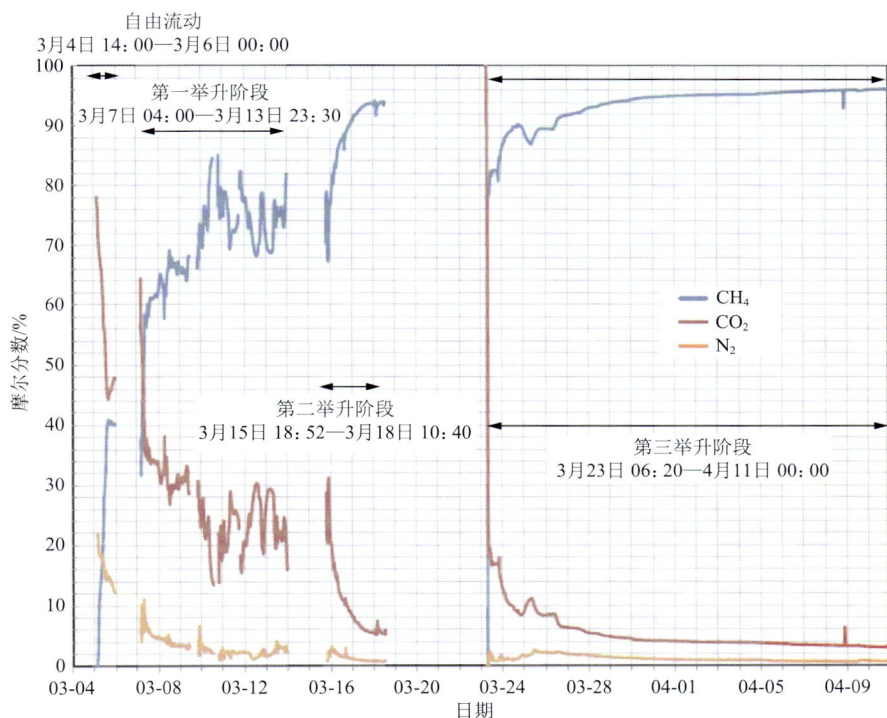

图 4-28 生产过程中气相色谱在线测量的气体组分

试采过程中 CH_4，N_2 和 CO_2 的累积产量如图 4-30 所示。整个试采过程中，共采出 CH_4 855 Mscf，此外，注入的 CO_2 和 N_2 混合气体部分产出，其中 N_2 共回收 117.11 Mscf，占注入 N_2 总量的 70%，CO_2 共回收 19.44 Mscf，占注入 CO_2 总量的 40%。试采过程中回收 N_2 和 CO_2 占注入量的百分比如图 4-31 所示。

（3）试采过程中的产水速率。

在阿拉斯加北坡天然气水合物试采过程中，共产水 1 136.5 bbl。不同试采阶段水的产出速率不同，如图 4-32 所示。图 4-33 为试采过程中产出水与产出气的物质的量比。从图中可以看出，在试采初始阶段，产出水与产出气的物质的量比在 $10\sim50$ 之间；在第二阶段，产出水与产出气的物质的量比降到 $4\sim12$ 范围内；在试采第三阶段，产出水与产出气的物质的量比基本固定在 8 左右，后期有所降低，在这一阶段，产水速率为 $22\sim$

图 4-29　Ignik Sikumi #1 气体燃烧图

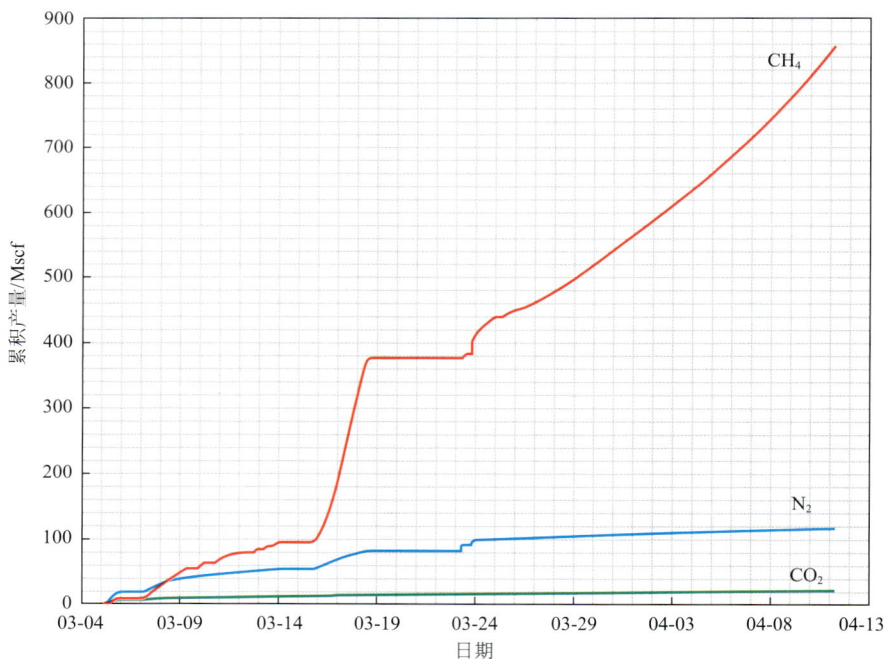

图 4-30　试采过程中 CH_4，N_2 和 CO_2 的累积产量

42 bbl/d，对应的产气速率为 13～38 Mscf/d，这与 Mallik 水合物试采的水气产出比基本类似。在 Mallik 的试采中，产水速率为 63～125 bbl/d，对应的产气速率为 70～106 Mscf/d，产出的水和气的物质的量比在 6.6～6.8 之间。

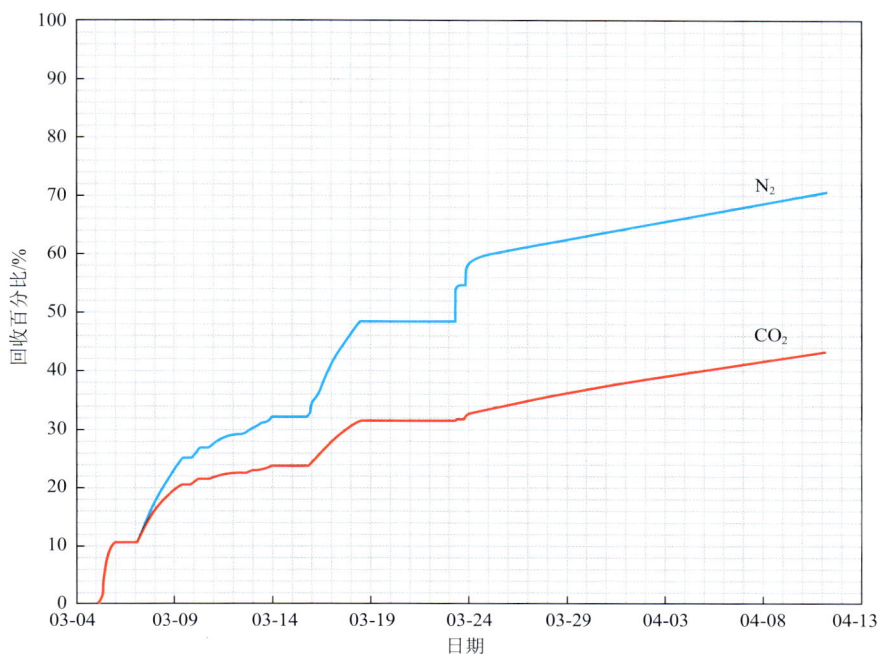

图 4-31 试采过程中回收 N_2 和 CO_2 占注入量的百分比

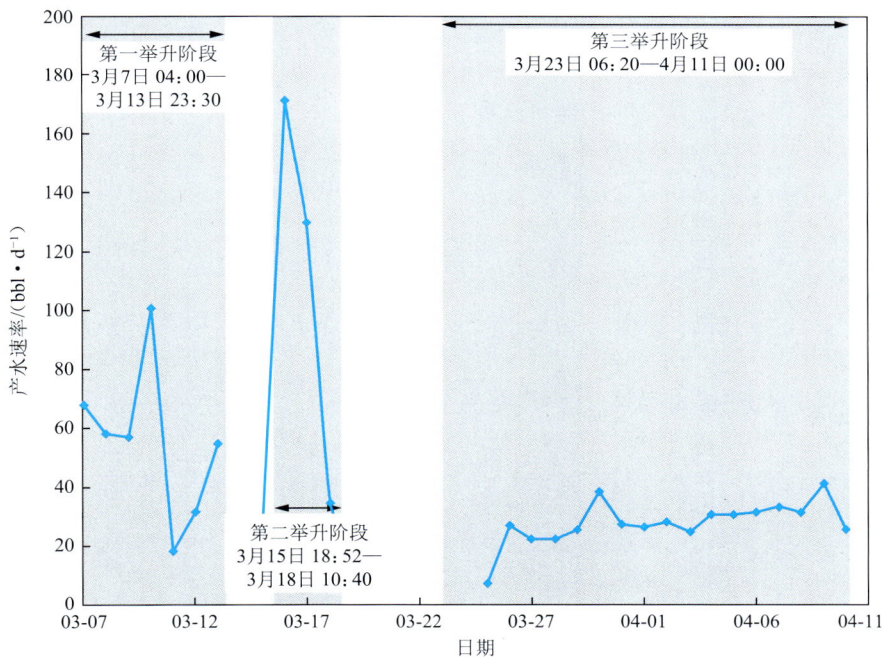

图 4-32 试采过程中产水速率变化

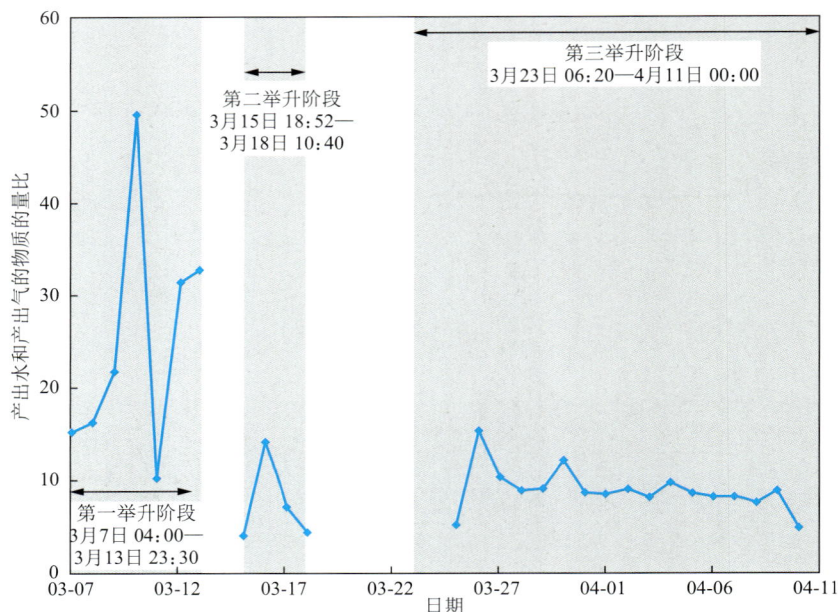

图 4-33　产出水与产出气的物质的量比

（4）试采过程中砂的产出。

试采过程中,除了产出气体和水以外,也有部分砂产出。图 4-34 为不同试采阶段产出水中砂的含量。从图中可以看出,在产气初始阶段,砂的产出速率较高,而在举升开采过程的第三阶段,基本没有砂产出。图 4-35 为产出砂样品。产出砂样品分析结果表明,砂的平均粒径为 148 μm,而开采井中使用的防砂网规格为 200 μm,因此出砂量较大。图 4-36 为砂的累积产出量,共产出 67 bbl 砂。

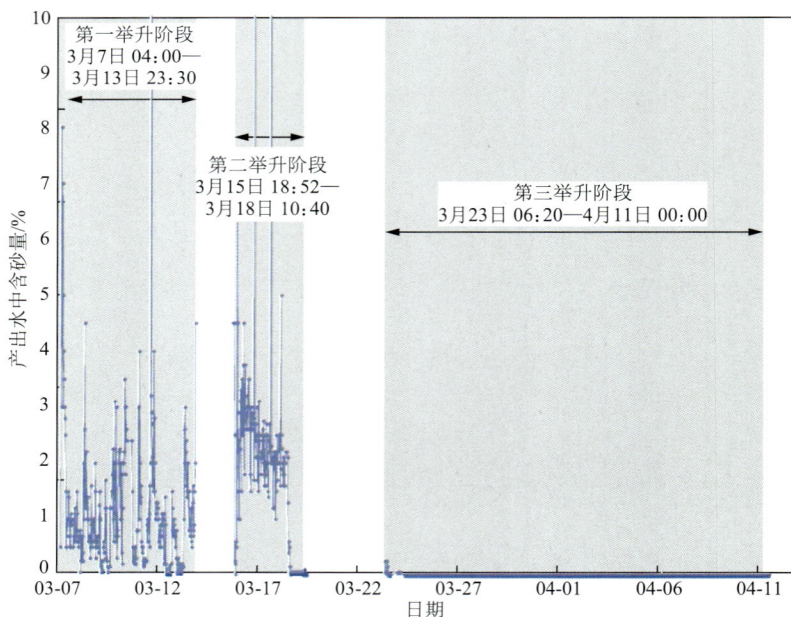

图 4-34　产出水中砂的含量

图 4-35 产出砂样品

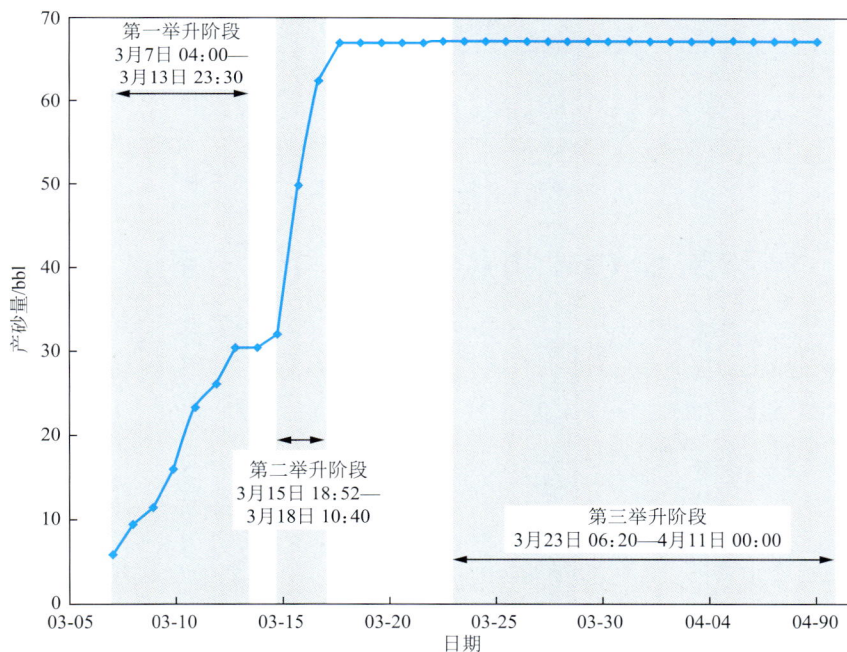

图 4-36 砂的累积产出量

4.4 阿拉斯加北坡天然气水合物试采项目费用

在阿拉斯加北坡天然气水合物试采项目中,总体费用(表 4-1)如下:

试采位置选择(第 1 阶段):美国能源部(DOE)未资助,项目其他参与单位资助 288 378

美元。

野外试采计划（第 2 阶段）：DOE 未资助，项目其他参与单位资助 2 150 656 美元。

钻完井（第 3a 阶段）：DOE 资助 8 220 765 美元，项目其他参与单位资助 1 627 154 美元。

试开采阶段（第 3b 阶段）：DOE 资助 7 372 419 美元，项目其他参与单位资助 9 284 776 美元。

总费用为 28 944 148 美元，其中 DOE 资助 15 593 184 美元，项目其他参与单位资助 13 350 964 美元。

表 4-1 阿拉斯加水合物试采项目费用

	DOE 资助/美元	项目其他参与单位资助/美元
第 1 阶段：试采位置选择	0	288 378
第 2 阶段：野外试采计划	0	2 150 656
第 3a 阶段：钻完井	8 220 765	1 627 154
第 3b 阶段：试开采阶段	7 372 419	9 284 776
小 计	15 593 184	13 350 964
总 计	28 944 148	

4.5 阿拉斯加 CO_2 置换法天然气水合物试采总结

2008 年 10 月 1 日至 2013 年 6 月 30 日，康菲石油公司在阿拉斯加北坡进行了 CO_2 置换开采天然气水合物的试验。试验主要分为 3 个阶段：

（1）在天然气水合物稳定压力以上注入气体；

（2）在天然气水合物稳定压力附近注入气体；

（3）在天然气水合物稳定压力以下注入气体。

在试采试验中，注入的气体为 N_2 和 CO_2 的混合气体，总的气体注入体积为 215.9 Mscf，其中 N_2 167.3 Mscf，CO_2 48.6 Mscf；共生产 CH_4 约 855 Mscf，注入气中约 70% 的 N_2 被回收，约 40% 的 CO_2 被回收，同时有 1 136.5 bbl 水和 67 bbl 砂伴随气体产出。

该试验为 CO_2 置换开采天然气水合物的可能性提供了研究依据，为推进水合物开采可行性及其所需要的长期生产工艺研究提供了参考。

第五章
CO₂ 置换法开采甲烷水合物研究新进展

自阿拉斯加北坡天然气水合物试采结束后，在过去的数年时间内，CO_2 置换法开发甲烷水合物的研究取得了新的进展，在注入气体组分、形态和置换形式以及数值模拟软件开发等方面都进入了一个新的阶段。本章重点介绍最新的 CO_2 置换法开采甲烷水合物研究成果。

CO_2 置换法开采甲烷水合物研究成果所用实验装置如图 5-1 所示，主要分为 4 个部分，即反应系统、注入系统、生产系统及数据监测记录系统（MCGS）。水合物沉积物样品主要在三维高压反应器中模拟合成，有效体积为 10.6 L（ϕ300 mm×150 mm），安全操作压力为 25 MPa。反应器顶部安装有气液分布器，用于保证从反应器顶部注气（或液）过程中气（或液）能够均匀进入水合物沉积物。整个反应器置于恒温水浴槽（温度精度为 ±0.2 ℃，调节范围为 −20～50 ℃）中，以模拟不同的储层温度条件。注入系统包括甲烷气瓶、氮气气瓶、低温循环水浴、高压储罐（32 MPa）、气体增压泵及真空泵等。生产系统主要用于水合物样品合成后的水合物分解实验，包括生产井、气液分离器、电子秤（精度为 ±0.1 g）、过滤器、背压阀及气体收集罐等。MCGS 主要用于监测和记录系统温压变化。

反应器中分布有 54 个温度传感器（精度为 ±0.01 ℃），如图 5-2 所示，共分为 3 层，每层 18 个，距离反应器底的高度分别为 20 mm，75 mm 和 130 mm；每层的 18 个测量点平均分为 6 组，每组 3 个，分别距离反应器中心轴 20 mm，75 mm 和 130 mm。压力传感器（精度为 ±0.1%）分布在注入井、反应器顶部和底部、中间储罐、生产井及气体收集罐处。

5.1　注气态 CO₂ 置换开采甲烷水合物研究

考虑到不同特征的水合物藏的置换规律可能不同，研究者进一步优化、开展了注入气态 CO_2 置换开发甲烷水合物的分解实验研究。生成的水合物样品参数见表 5-1。3 组实验的主要区别是：实验 1 中的水合物样品，生成的甲烷水合物的量较大，水合物饱和度较高；实验 2 中的水合物样品，生成的甲烷水合物量较小，水合物饱和度较低，含有大量的游离水；实验 3 中的水合物样品，生成的甲烷水合物量较小，水合物饱和度低，含有的游离水较少，水的转化率高。为了模拟海底水合物藏中注 CO_2 置换 CH_4 的情况，考虑到

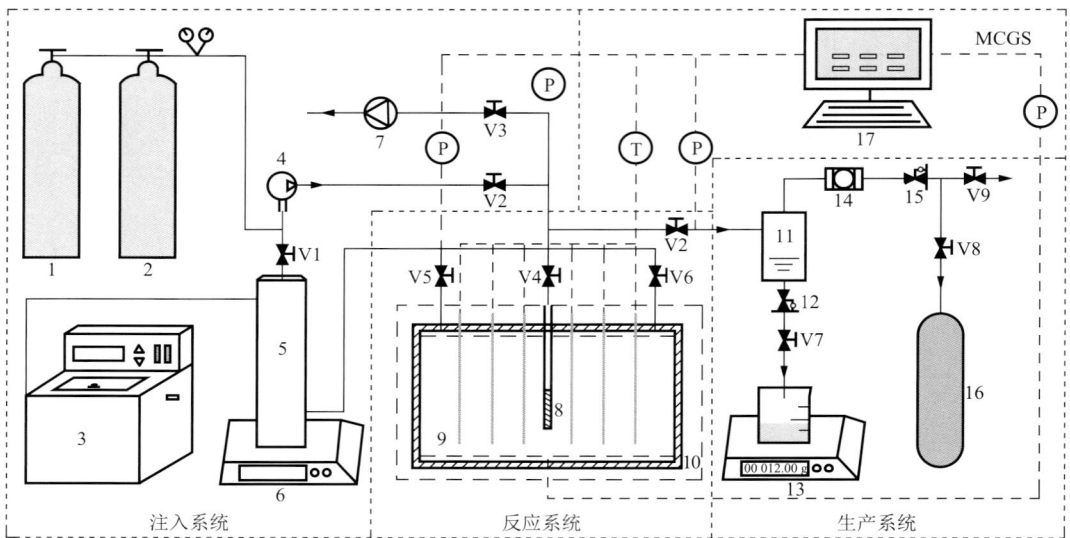

图 5-1　CO_2 置换法开采甲烷水合物研究实验装置图

1—甲烷气瓶；2—氮气气瓶；3—循环水浴；4—增压泵；5—上覆水体；6—电子秤；7—真空泵；
8—生产井；9—反应器；10—水浴；11—气液分离器；12,15—背压阀；13—电子秤；
14—过滤器；16—气体收集罐；17—计算机；V1~V9—阀门

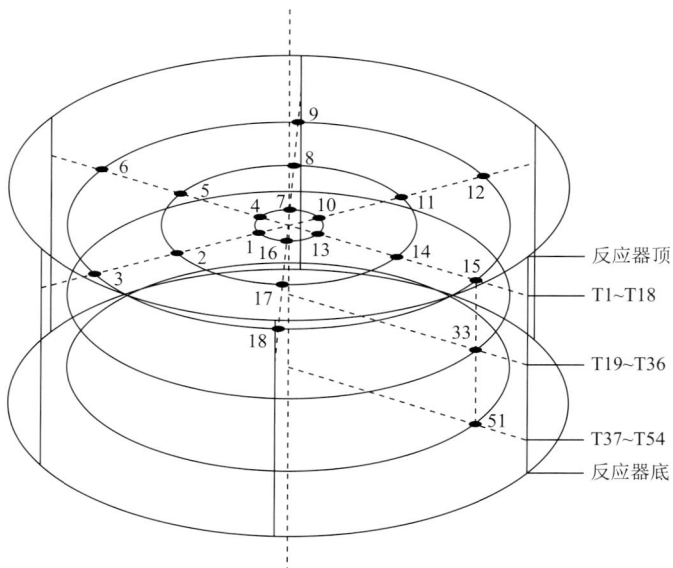

图 5-2　温度测量点分布图

T1~T54—54 个温传感器分布位置

海底水合物藏中有大量的游离水存在，实验中合成了前两种水合物样品。为了考察多孔介质中 CO_2 置换 CH_4 的效率和速率，合成了第三种水合物样品，含有少量的游离水，使尽可能多的 CO_2 与甲烷水合物发生置换反应，减少 CO_2 与游离水的反应。

表 5-1　水合物样品中各组成的物质的量

实　验	$n_{CH_4,Total}$/mol	$n_{CH_4,G}$/mol	$n_{CH_4,H}$/mol	n_w/mol	$n_{w,free}$/mol	x_w/%
1	8.47	3.51	4.96	65.3	29.8	54.4
2	5.00	2.43	2.57	65.3	49.9	23.6
3	14.85	12.7	2.15	15	2.1	85.9

注：① $n_{CH_4,Total}$ 为 CH₄ 总的物质的量；② $n_{CH_4,G}$ 表示气相中 CH₄ 的物质的量；③ $n_{CH_4,H}$ 表示水合物相中 CH₄ 的物质的量；④ n_w 表示加入反应釜中的水的物质的量；⑤ $n_{w,free}$ 表示水合物生成后游离水的物质的量；⑥ x_w 表示水转化为水合物的转化率；⑦ 水合数为6。

　　将 CO₂ 注入水合物样品后，甲烷水合物的分解导致水合物中甲烷的摩尔分数较小；随着 CO₂ 水合物的生成，水合物中 CO₂ 水合物的摩尔分数逐渐增大。在实验 1 中，由于注入的 CO₂ 的量很少，仅为甲烷水合物中 CH₄ 的量的 1/10，所以只有很少的 CO₂ 与甲烷水合物接触而置换 CH₄，导致水合物相中大部分还是 CH₄，如图 5-3 所示。

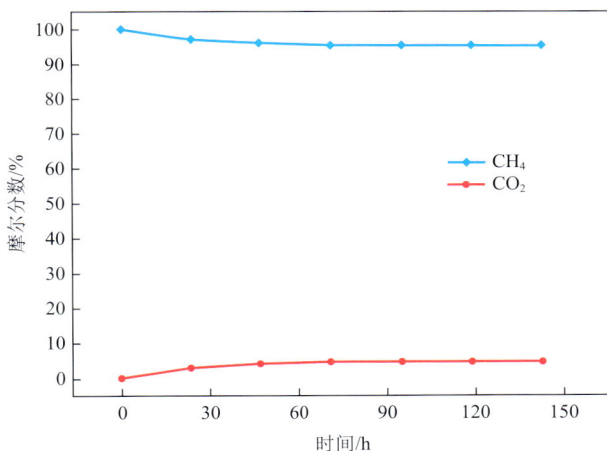

图 5-3　实验 1 中水合物相中 CH₄ 和 CO₂ 的摩尔分数随时间的变化

　　在实验 2 中，通过多次注入 CO₂，提高体系中 CO₂ 的含量，强化 CO₂ 置换 CH₄ 反应。此外，为了提高 CO₂ 的注入量与甲烷水合物中 CH₄ 的物质的量比，合成的水合物样品中甲烷水合物的量较少。从图 5-4 中可以看出，CO₂ 注入后，水合物中 CO₂ 的摩尔分数迅速增大，表明有大量的 CO₂ 水合物生成。值得注意的是，由于此体系中存在大量的游离水（49.9 mol），因此注入的 CO₂ 一部分与甲烷水合物发生置换，一部分与游离水反应。由实验数据可以看出，CO₂ 置换出的 CH₄ 与水合物中的 CH₄ 的物质的量比不到 5%（240 h），表明大部分 CO₂ 与游离水发生了反应，仅很少部分 CO₂ 与甲烷水合物中的 CH₄ 发生置换。

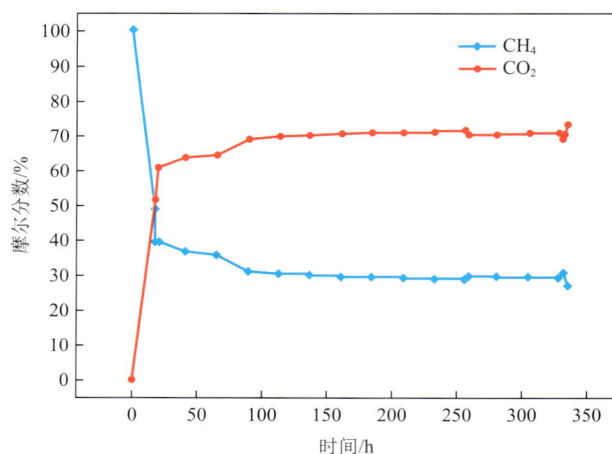

图 5-4　实验 2 中水合物相中 CH_4 和 CO_2 的摩尔分数随时间的变化

　　在实验 3 中,水合物样品中游离水很少(2.1 mol),注入 CO_2 的量与水合物中甲烷的量之比为 2.1。从图 5-5 中可以看出,水合物中甲烷的摩尔分数随着 CO_2 的注入不断减小,CO_2 的摩尔分数不断增大,经过 229.35 h 后,水合物中 CH_4 和 CO_2 的摩尔分数分别为 54.6% 和 45.4%,此时甲烷的置换率达到 26.6%。

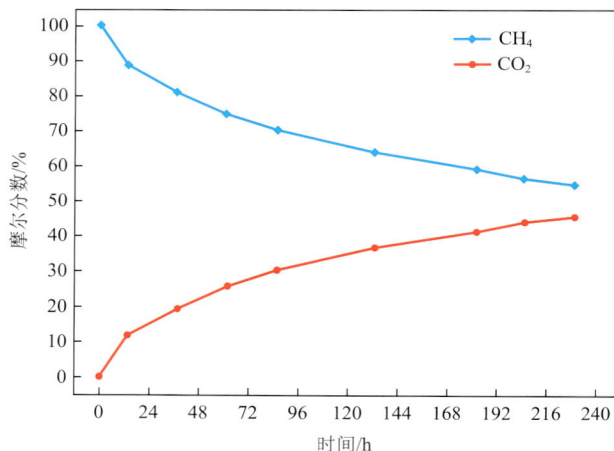

图 5-5　实验 3 中水合物相中 CH_4 和 CO_2 的摩尔分数随时间的变化

　　由以上 3 组实验可以得出如下结论:
　　(1) CO_2 从水合物中置换 CH_4,气相中 CO_2 的含量必须足够高才行,即注入的 CO_2 的量与水合物中甲烷的量之比要足够大。
　　(2) 对于含游离水较多的水合物藏,CO_2 的注入对于水合物的开采效果不明显,但可以将大量的 CO_2 气体埋藏在沉积物中。
　　(3) 对于含游离水较少的水合物藏,CO_2 置换 CH_4 的效果比较明显,这一结论为注气态 CO$_2$ 置换开发天然气水合物的适用性提供了初步的选择依据。

CO$_2$ 从 CH$_4$ 水合物中置换 CH$_4$ 的效率(简称置换效率)定义为 CO$_2$ 从水合物中置换出的甲烷的物质的量占初始水合物中甲烷的物质的量的百分数。CO$_2$ 从 3 种不同性质的水合物样品中置换 CH$_4$ 的示意图如图 5-6 所示。

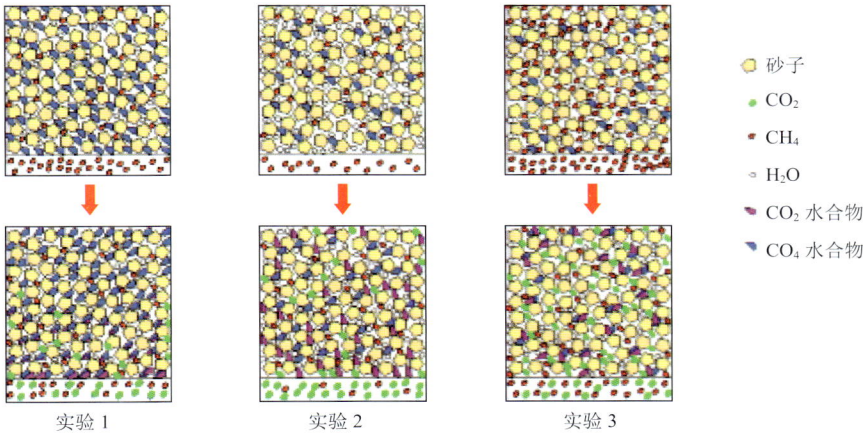

图 5-6 CO$_2$ 置换水合物中 CH$_4$ 的示意图

3 组实验中 CO$_2$ 置换 CH$_4$ 的效率随时间的变化如图 5-7 所示,其中实验 3 的置换效率最高,实验 2 的置换效率最低。这表明,对于含游离水较多的水合物藏,采用 CO$_2$ 置换法开采效果较差。这是因为,注入的 CO$_2$ 首先与游离水进行反应,生成 CO$_2$ 水合物,阻碍了 CO$_2$ 进一步与甲烷水合物接触,使得置换反应很难发生,导致很少的 CH$_4$ 被置换出来。实验 1 的置换效率也较低,这与注入的 CO$_2$ 的量和水合物饱和度有关,当气相中 CO$_2$ 的含量太低时,置换效率较低。

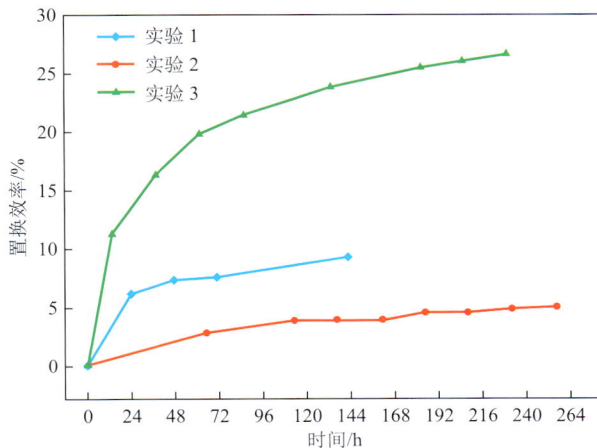

图 5-7 置换效率随时间的变化

5.2　注液态 CO_2 置换开采甲烷水合物研究

针对不同特征的水合物藏,进行注入液态 CO_2 置换开采甲烷水合物的实验研究。其中,实验1～4合成了含有下伏游离气的水合物样品,实验5合成了不含下伏游离气的水合物样品。 CO_2 置换 CH_4 过程的实验条件见表5-2。从表中可以看出,实验1,3和4具有相似的水合物饱和度,分别为28.5%,30.8%和28.1%;这3个水合物样品中,实验1的自由水饱和度与实验4的相似,但低于实验3的自由水饱和度,而实验4的置换温度高于实验1和3。实验5的自由水饱和度与水合物饱和度分别为13.22%和19.0%,实验2的水合物饱和度最高,为43.6%。

表 5-2　 CO_2-CH_4 置换过程的实验条件

实验	T/K	p_{CO_2}/kPa	V_{porous}/L	$M_{water}^{consumed}$/g	$n_{CH_4}^{consumed}$/mol	$n_{CO_2}^{initial}$/mol	S_{H_2O}/%	S_H/%
1	275.2	4 205	2.53	372	3.44	52.46	7.85	28.5
2	275.2	4 201	2.55	576	5.33	50.88	1.45	43.6
3	275.2	4 210	2.39	367	4.32	47.62	26.04	30.8
4	280.2	4 200	2.53	366	3.38	52.45	8.22	28.1
5	275.2	4 190	2.11	321	2.97	42.43	13.22	19.0

注: p_{CO_2} 表示 CO_2 分压; V_{porous} 表示孔隙体积; $M_{water}^{consumed}$ 表示消耗的水的质量; $n_{CH_4}^{consumed}$ 表示消耗的 CH_4 的物质的量; $n_{CO_2}^{initial}$ 表示原始 CO_2 的物质的量; S_{H_2O} 和 S_H 分别表示 H_2O 和水合物的饱和度。

图5-6和图5-7分别给出了实验1的置换过程中水合物相与液相中 CH_4 和 CO_2 的摩尔分数随时间的变化。 CO_2 注入含有水合物的多孔介质中后,由于甲烷水合物不断分解, CH_4 在水合物相中的摩尔分数随时间不断降低,而且由于 CO_2 分子进入新形成水合物的大孔笼子中,所以 CO_2 在水合物相中的摩尔分数不断增高(图5-8)。 CH_4 水合物的分解速率和 CO_2 水合物的生成速率在置换反应的起始阶段比较快,随着时间的推移和置换反应的进行,置换速度逐渐变慢,这主要是由于新形成的水合物层包裹住了原来的甲烷水合物,阻碍了液态 CO_2 与甲烷水合物的接触,从而降低了置换反应的速率。由图5-9可以看出,反应结束时,反应器内 CH_4 的摩尔分数仅为3.65%,低于当前条件下 CH_4 在液相中的溶解度,说明由 CO_2 置换产生的 CH_4 没有在顶部集聚,而是溶解在液态 CO_2 中。

在实验1～5的置换过程中,液相中 CH_4 的摩尔分数随时间的变化如图5-10所示。从图中可以看出,实验2的液相中 CH_4 的摩尔分数在5组实验中最高,这是由于置换过程主要发生在液态 CO_2 和水合物的接触面上,实验2的水合物样品的饱和度最高,所以实验2具有最大的 CO_2-水合物接触面积。实验1和实验3具有相似的水合物饱和度,但是具有不同的游离水饱和度,其游离水饱和度分别为7.85%和26.04%。从图5-10中可以看出,实验1和实验3的液相中 CH_4 的摩尔分数在开始的50 h内基本相同,之后,实验

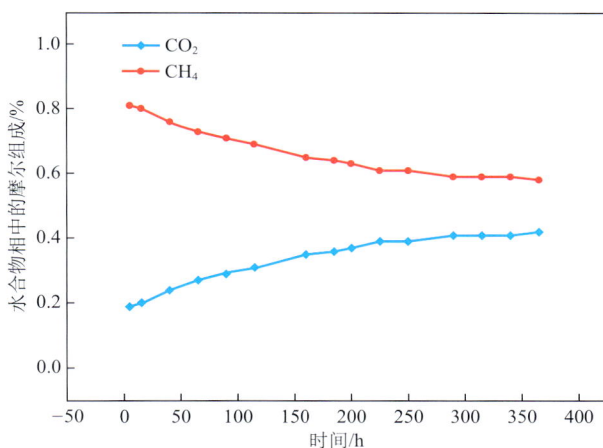

图 5-8　实验 1 的置换过程中水合物相中 CH_4 和 CO_2 摩尔分数随时间的变化

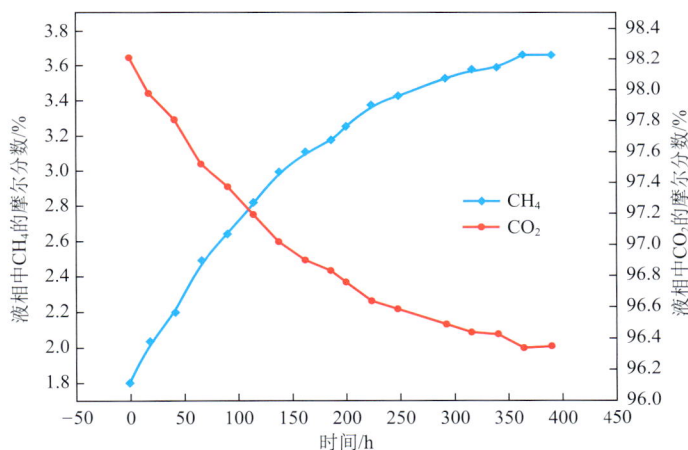

图 5-9　实验 1 的置换过程中液相中 CH_4 和 CO_2 的摩尔分数随时间的变化

3 液相中 CH_4 的摩尔分数逐渐高于实验 1 液相中 CH_4 的摩尔分数。这可能是由于实验 3 的水合物样品的游离水饱和度比较大，游离水含量较多，水合物层致密性比较差，生成的水合物层中含有"空位"较多，而这是气体分子在水合物层中渗透所必不可少的条件。由此可以看出，液态 CO_2 置换开采甲烷水合物更适用于含有游离水较多的水合物藏，这是液态 CO_2 置换法相对于气态 CO_2 置换法的优势之一。

实验 1 和实验 4 的实验温度分别是 275.2 K 和 280.2 K，其他实验条件相似。由图 5-10 可以看出，在整个 CO_2 置换 CH_4 过程中，实验 4 液相中 CH_4 的摩尔分数高于实验 1 液相中 CH_4 的摩尔分数，这是由于实验 4 的实验条件处于 CO_2 水合物的稳定区域、甲烷水合物的不稳定区域，该区域被认为是 CO_2 置换 CH_4 反应的最佳操作条件。从图中还可以看出，即使总的实验条件处于 CH_4 水合物稳定区域，CO_2 置换 CH_4 过程也可以进行，这

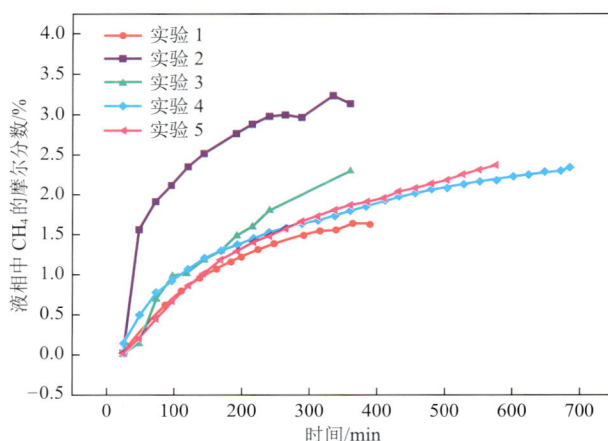

图 5-10　液相中 CH_4 的摩尔分数随时间的变化

是由于 CO_2-CH_4 置换反应能否进行主要取决于各气体组分在水合物相和液相之间的逸度关系。当组分在液相中的逸度高于其在水合物相中的逸度时,置换过程可以正常进行;当组分在液相中的逸度低于其在水合物相中的逸度时,置换过程不能正常进行,甚至反向进行。

实验 5 的水合物样品中不含下伏游离气。从图 5-10 中可以看出,对于不含下伏游离气的水合物藏,液态 CO_2 置换法仍然具有很好的置换效果,但气态 CO_2 置换法却不适用于该类水合物藏。这是因为注入的气态 CO_2 仅存在于多孔介质的间隙中,所以水合物藏中 CO_2 的含量非常小,因而在置换过程中气态 CO_2 被快速消耗,气相中 CO_2 的逸度迅速降低,置换的推动力降低,导致置换效果不理想;而虽然液态 CO_2 也仅存在于多孔介质的间隙中,但其含量非常大,液相中 CO_2 的摩尔分数在置换过程中变化很小,其逸度随时间变化很小,所以对置换过程基本没有影响。

通过计算得到不同实验条件下 CH_4 的置换速度,如图 5-11 所示。从图中可以看出,4 组实验中 CH_4 的置换速度都随时间而降低。开始阶段,实验 2 的置换速度最高,这是由于实验 2 中的水合物饱和度最高,CO_2-水合物的接触面最大。实验 2 中的置换速度随着时间下降非常快,这是由于随着置换反应的进行,新形成的 CO_2-CH_4 混合水合物层变厚,CO_2 分子在水合物层中的渗透过程成为置换过程的控制步骤。

实验 1 和实验 4 的置换温度分别为 275.2 K 和 280.2 K。由图 5-11 中可以看出,实验 4 的置换速度高于实验 1 的置换速度,这是由于实验 4 的置换条件处于 CO_2-CH_4 置换反应的最佳置换区域。

实验 5 中的水合物样品不含下伏游离气。从图 5-11 中可以看出,该类水合物藏中的置换速度与其他类型相当,这是由于多孔介质中可以存储大量的液态 CO_2,所以在置换过程中液态 CO_2 的逸度基本保持不变。由实验 1 和实验 5 的对比可以看出,在开始阶段,实验 1 与实验 5 的置换速度相当,但是随着置换反应的进行,实验 5 的置换速度逐渐高于实验 1,而与实验 4 的置换速度相当。这是由于实验 5 中游离水的含量高于实验 1

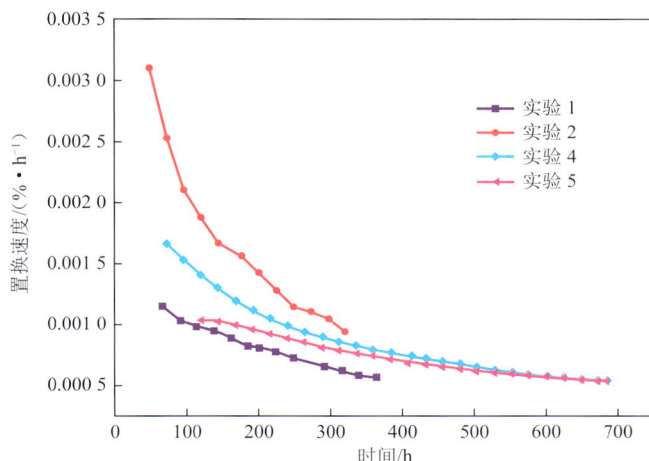

图 5-11　实验 1,2,4 和 5 的置换速度随着时间的变化关系

中游离水的含量,所以实验 5 的水合物样品中的"空位"多于实验 1 中,这种"空位"的存在对 CO_2 分子在水合物层中的渗透至关重要。

此外,分析 CH_4 的采收率可知,实验 4 的 CH_4 采收率最高,这是由于实验 4 的温压条件处于最佳 CO_2-CH_4 置换区域,说明温压条件对置换效率具有非常大的影响。实验 2 中的 CH_4 采收率最小,这是因为实验 2 中的水合物饱和度最高,因而水合物层的厚度也最大,而 CO_2 分子在水合物层中的渗透是置换反应的控制步骤。实验 1 的 CH_4 采收率低于实验 3 的采收率,这是由于实验 1 的游离水饱和度比较低,CO_2 分子渗透所需的"空位"少于实验 3 中的"空位"。由于实验 5 的水合物饱和度比较小,CO_2 分子需要渗透的水合物层比较薄,所以实验 5 的 CH_4 采收率比较高。

由以上讨论可知,水合物中 CH_4 的采收率随着水合物饱和度的降低而升高,随着游离水饱和度的升高而升高,同时当置换反应的温压条件处于 CO_2 水合物的稳定区域、甲烷水合物的不稳定区域时,CH_4 的采收率比较高。液态 CO_2 置换法开采甲烷水合物的 CH_4 采收率始终高于气态 CO_2 置换法的采收率,这主要是因为液态 CO_2 的逸度在置换过程中变化很小,而气态 CO_2 的逸度在置换过程中变化比较大,液态 CO_2 置换法始终在较高的推动力下进行置换反应。

5.3　注 CO₂ 乳液置换开采甲烷水合物研究

为了进一步提高 CO_2-CH_4 的置换速度,研究者利用 CO_2 乳液进行甲烷水合物的开采实验研究,并将 CO_2 乳液置换法的置换效果与液态 CO_2、气态 CO_2 置换法的置换效果进行了对比。3 组实验中的乳液性质不同:实验 1 中合成了高 CO_2 含量的乳液,CO_2 的体积分数为 80.4%;实验 2 中 CO_2 的体积分数为 68.9%;实验 3 的乳液中加入了十二烷基硫酸钠(SDS),制成了 3.36%(质量分数)的盐水包 CO_2 的乳液,CO_2 的体积分数为 67.8%。表 5-3 给出了 CO_2-CH_4 置换反应的实验条件。从表中可以看出,实验 1 中水合物的饱和度比较小,仅为 15.09%;实验 2 和实验 3 中水合物的饱和度比较高,而且较为相近,分别为 24.36% 和 23.00%。

表 5-3　CO_2-CH_4 置换反应的实验条件

实　验	T/K	$M_{water}^{consumed}/g$	$n_{CH_4}^{consumed}/mol$	$S_{H_2O}/\%$	$S_H/\%$
1	281.2	327	3.03	10.08	15.09
2	281.2	528	4.88	2.66	24.36
3	281.2	487	4.60	3.82	23.00

　　由于 3 组实验的温度具有相似的变化关系,所以以实验 2 为例进行说明。图 5-12 给出了实验 2 中 CO_2 气体吹扫阶段以及乳液注入过程中水合物藏的温度变化。在 CO_2 吹扫的过程中,反应器内的温度首先保持恒定,而后逐渐升高,这是由于吹入的 CO_2 气体温度比较高,导致反应器内的温度升高;在乳液的注入阶段,由于乳液的温度在实验 2 中保持 293.2 K,高温乳液导致水合物藏的温度在第二阶段再次升高。同时,在乳液的注入阶段,反应釜中不同温度点的温度具有相似的变化关系,说明 CO_2 的乳液在多孔介质中具有比较好的扩散性。

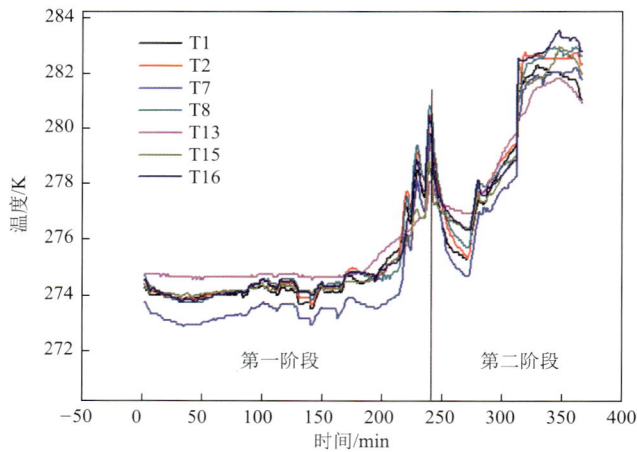

图 5-12　实验 2 中 CO_2 气体吹扫阶段以及乳液注入过程中反应器内温度随时间的变化

　　图 5-13～图 5-15 给出了 3 组实验的气相组成随时间的变化。由图 5-11 可以看出,实验 1 在置换反应开始时,反应器中 CH_4 的摩尔分数就达到 18%,这是由于反应器中水合物样品的温度较高,其温压条件处于 CO_2 水合物的稳定区域、甲烷水合物的不稳定区域,所以当注入 293.2 K 的高温乳液后,反应器内的温度快速升高,水合物大量分解,因此该过程不是真正的置换过程,而是热效应导致的简单分解反应。由实验 1 可以得知,

CO_2乳液置换法不适用于温压条件处于水合物相平衡线附近的水合物藏。

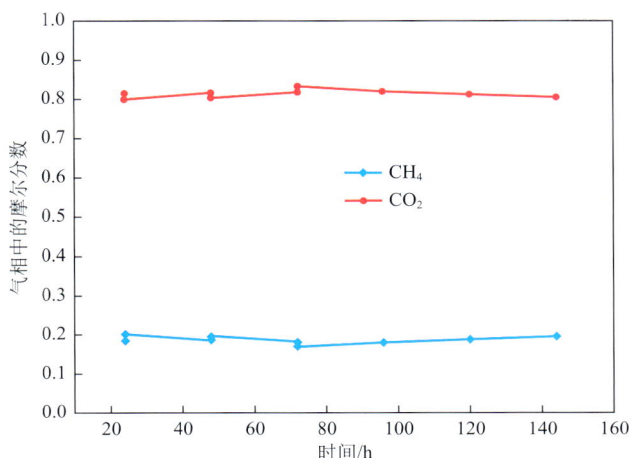

图 5-13　实验 1 气相中 CH_4 和 CO_2 的摩尔分数随时间的变化

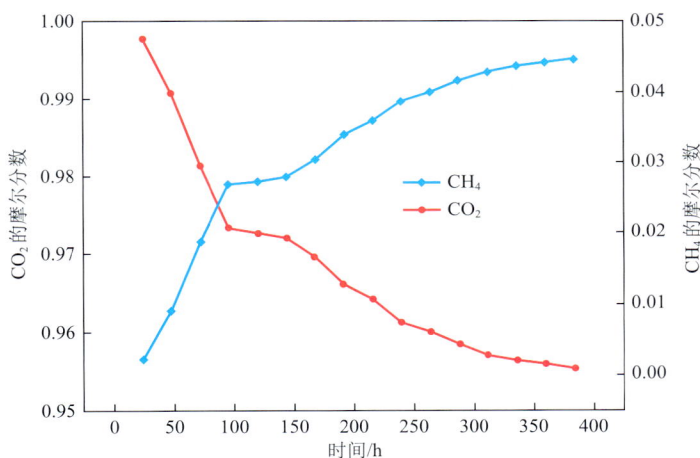

图 5-14　实验 2 气相中 CH_4 和 CO_2 的摩尔分数随时间的变化

为了改进乳液的置换过程，实验 2 降低了水合物样品的置换温度，并且增加了水在乳液中的比例，使水在乳液中的体积分数由 19.6% 增加到 31.1%。由于 CO_2 的热传导性比较好，因此降低液态 CO_2 的比例可以降低由乳液注入引起的水合物藏温度的升高值，是维持水合物藏稳定的措施之一。从图 5-14 中可以看出，实验 2 的置换过程可以持续进行，CH_4 的摩尔分数不断升高，最高可达 4.5%，处于 CH_4 在液态 CO_2 的溶解度之内，即反应器内没有游离气存在。

实验 3 的 CO_2 乳液是由 3.35% 的盐水与液态 CO_2 组成的。加入 3.35% 的 SDS 后，乳液的置换效果比实验 2 的好，在反应开始的 24 h 内，气相中 CH_4 的摩尔分数就达到

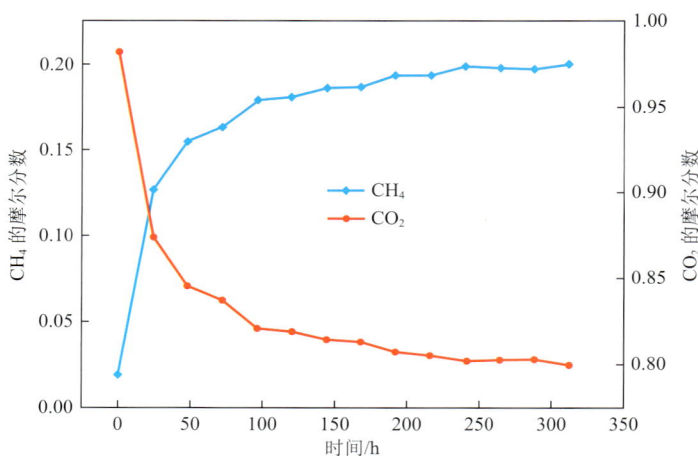

图 5-15　实验 3 气相中 CH$_4$ 和 CO$_2$ 的摩尔分数随时间的变化

12%，而后 CH$_4$ 的摩尔分数不断升高，最终达到 20%。这是由于该乳液结合了盐水和 CO$_2$ 置换的双重优势，CH$_4$ 水合物在乳液潜热和盐水的双重作用下开始分解，这是置换反应的必备步骤。随后，由于 CO$_2$ 水合物的形成，水中的含盐量增加，进一步促进了甲烷水合物的分解，从而在盐的作用下促进置换反应的进行。此外，由于乳液中添加了 SDS，所以生成的水合物的颗粒比较小，有利于气体在水合物层中的扩散，这种促进气体扩散的作用是后期提高置换速度的关键。

图 5-16 给出了 3 组实验中置换出 CH$_4$ 的物质的量。实验 3 中置换出 CH$_4$ 的物质的量最大，实验 1 中的最小，实验 2 中的居中。实验 1 中置换出的 CH$_4$ 最少的原因主要是：第一，由于实验 1 的水合物饱和度比较低，甲烷水合物的总量比较小，水合物与 CO$_2$ 的接触面积比较小，因此置换量比较小；第二，由于实验 1 中水合物的堵塞比较严重，导致内部被置换出的 CH$_4$ 不能排出反应器。由于实验 2 中水合物的饱和度比较高，乳液和水合物的接触面积较大，同时实验 2 中水合物藏发生堵塞的程度低于实验 1，因此实验 2 中置换出的 CH$_4$ 的量大于实验 1。实验 3 的置换效果好是由于乳液中加入盐后，由于盐对水合物分解具有促进作用，甲烷水合物发生分解，同时 CO$_2$-CH$_4$ 混合水合物在外部生成，随着混合水合物的生成，水中的含盐量增大，进一步促进了水合物的分解。

图 5-17 给出了实验 3 中 CO$_2$ 乳液置换甲烷水合物的置换效率，同时也给出了液态 CO$_2$、气态 CO$_2$ 的置换效率。CO$_2$ 乳液置换甲烷水合物的置换效率可以达到 47.8%，远远高于气态 CO$_2$ 置换法和液态 CO$_2$ 置换法的置换效率。对比实验 3 的置换效果与液态 CO$_2$、气态 CO$_2$ 的置换效果可以看出，CO$_2$ 乳液的置换效率在 3 种注入形态中最好，液态 CO$_2$ 的置换效率居中，气态 CO$_2$ 的置换效率最差。

CO$_2$ 乳液置换法开采甲烷水合物效果比较好的原因主要有以下几点：

（1）CO$_2$ 乳液在水合物藏中的渗透性比液态 CO$_2$ 的好，CO$_2$ 乳液能够扩散到水合物藏中的更大区域，导致 CO$_2$-CH$_4$ 置换反应具有较大的接触面积。

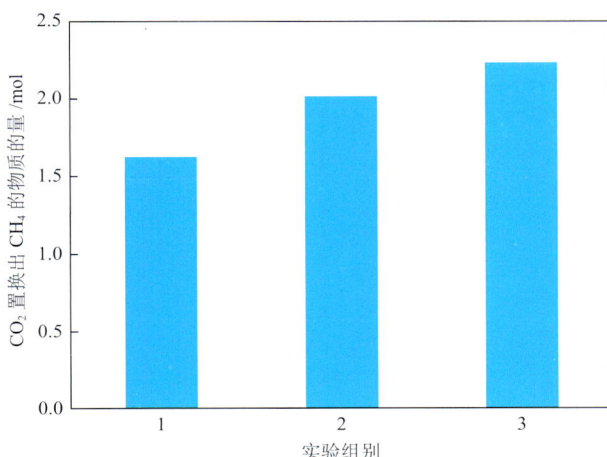

图 5-16　3 组实验置换出 CH₄ 的物质的量

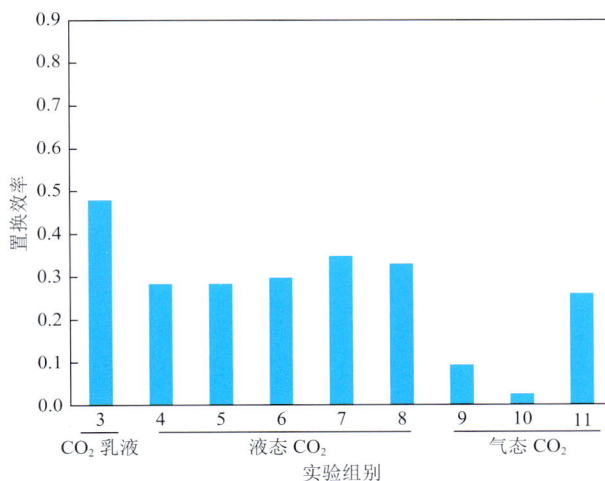

图 5-17　气态 CO_2、液态 CO_2 和 CO_2 乳液的置换效率对比图

（2）实验 3 的 CO_2 乳液中加入了 SDS，降低了 CO_2 乳液生成水合物的速度，从而有效地防止了 CO_2 乳液在多孔介质之间形成大块水合物，避免了水合物藏中多孔介质内的孔道发生堵塞。

（3） CO_2 乳液中的盐也能够促进甲烷水合物的分解。甲烷水合物的分解是置换反应的必备步骤，所以盐离子能够促进置换反应的进行。

（4） CO_2 乳液中加入了 SDS，使得新生成的 CO_2-CH_4 水合物层比较疏松，有利于气体分子在其中的渗透，从而可以从根本上提高置换速度。

5.4 连续注含 CO_2 混合气开采甲烷水合物研究

由于纯 CO_2 置换开采水合物的效率很低,而加入小分子气体后能够有效刺激水合物分解,因此研究者进行了 $CO_2 + H_2(N_2)$ 混合气连续注入开采甲烷水合物的实验研究。实验重点关注注入气体组成和注入速率对甲烷水合物的分解以及混合气中 CO_2 封存的影响。

5.4.1 实验方法

整个实验过程可以分为 3 步:第一步是合成均匀分布的甲烷水合物样品,第二步是进行混合气吹扫置换开采甲烷水合物的实验研究,第三步是升温分解残余水合物。

1)水合物样品合成

在整个吹扫置换开采实验过程中,合成分布均匀的水合物样品对后续实验研究至关重要。水合物样品的生成步骤如下:

(1)准确称量一定量的砂子和 3.35%(质量分数)的盐水。

(2)将砂子放入冰箱并冷冻至 267.2 K,将盐水冷冻至 273.2 K,保持 20 h。

(3)降低水浴温度至 272.3 K 并保持 12 h。

(4)将 273.2 K 的盐水加入 267.2 K 的砂子中,盐水立刻结成细小的冰粒,然后快速并充分地搅拌砂子和冰粒的混合物直到冰粒均匀地分散于砂子中,此时盐水饱和度约为 50%。

(5)将分布均匀的砂-冰混合物装入反应器,然后密封反应器盖并插入温度传感器。

(6)将氮气注入反应器,观察低温水浴中反应器周围是否有气泡冒出,若没有气泡冒出,则继续注氮气。当反应器内压力达到 4 MPa 以后,停止注氮气并保持反应器密闭 12 h,当反应器内的压力保持稳定而不降低时,即认为反应器的密闭性很好。

(7)将氮气排出并抽真空 5 min,然后用甲烷气体冲洗实验系统 2 遍,从而确保反应器中没有剩余的氮气和空气。

(8)注入甲烷至反应器内压力达到 8.5 MPa,关闭甲烷气瓶。

(9)气体水合物在多孔介质的空隙中形成,当反应器中的压力不再降低(约 3.6 MPa)时,即认为水合物样品生成完毕。

2)混合气吹扫置换开采甲烷水合物

水合物样品生成完毕,开始进行混合气吹扫置换开采甲烷水合物的实验研究。具体的实验步骤为:

(1)打开进气阀,将背压阀的压力调整至 3.67 MPa,保证开启阀门时反应器内的压力大于甲烷水合物的平衡压力,即甲烷水合物不会发生分解。

(2)打开进气阀并通过调节微调阀使气体流量达到实验设定值。

（3）随着混合气从注入井不断注入，反应器内多孔介质空隙中的甲烷不断被吹出，同时甲烷水合物发生分解，部分 CO$_2$ 被埋藏在沉积物中。

（4）在注气过程中，不断测定反应器、采出管路和收集罐中的气体组成，当采出气中 CH$_4$ 的摩尔分数小于 5%，60 min 内 CH$_4$ 组成变化小于 0.2% 时，认为产气效率已经很低，即关闭产气阀门，停止产气，混合气吹扫置换开采甲烷水合物的过程结束。

3）升温分解残余水合物

开采过程结束后，升高水浴的温度至 289.15 K，使反应器中的水合物全部分解；当压力不再上升时，测定反应器中的气体组成；之后，将反应器内的气体排出。

5.4.2　实验条件

连续注含 CO$_2$ 混合气开采水合物的实验条件见表 5-4。7 组实验水合物样品性质（温度、压力、饱和度）基本一致；前 5 组注入气为 CO$_2$＋H$_2$，第 6 组为纯 H$_2$，第 7 组作为对比，注入气采用 CO$_2$＋N$_2$。

表 5-4　连续注含 CO$_2$ 混合气开采水合物的实验条件

实　验	1	2	3	4	5	6	7
石英砂目数/目	20~40	20~40	20~40	20~40	20~40	20~40	20~40
温度/K	276.08	276.05	276.06	276.07	276.06	275.97	276.10
压力/MPa	3.67	3.69	3.70	3.75	3.67	3.66	3.61
水合物饱和度/%	24.7	25.2	23.9	22.9	23.7	24.1	23.2
含水饱和度/%	23.1	22.3	23.0	23.1	23.1	22.8	23.5
注入气组成(V_{CO_2}:V_{H_2})	74:26	74:26	74:26	43:57	20:80	0:100	19:81
平均气体注入速率/(mL·s^{-1})	39.4	13.7	2.45	40.2	39.6	39.9	40.0

5.4.3　温度和压力的变化规律

水合物的生成和分解会引起温度和压力的变化，这也意味着温度和压力的变化能够在一定程度上反映储层中水合物的生成和分解情况。在水合物开采过程中，温度和压力的变化不仅对水合物后续分解影响巨大，对储层的结构稳定也至关重要。本系列实验中，布井的示意图如图 5-18 所示。在水合物制备阶段和升温分解阶段，7 组实验具有重复性，因此下面仅以实验 4 为例分析整个实验过程中温度和压力的变化规律。

如图 5-19 所示，整个实验过程中的温度和压力变化可以分为 3 个阶段：

第一阶段是水合物样品的制备阶段。水浴的初始温度设定较低，目的是减缓砂层中

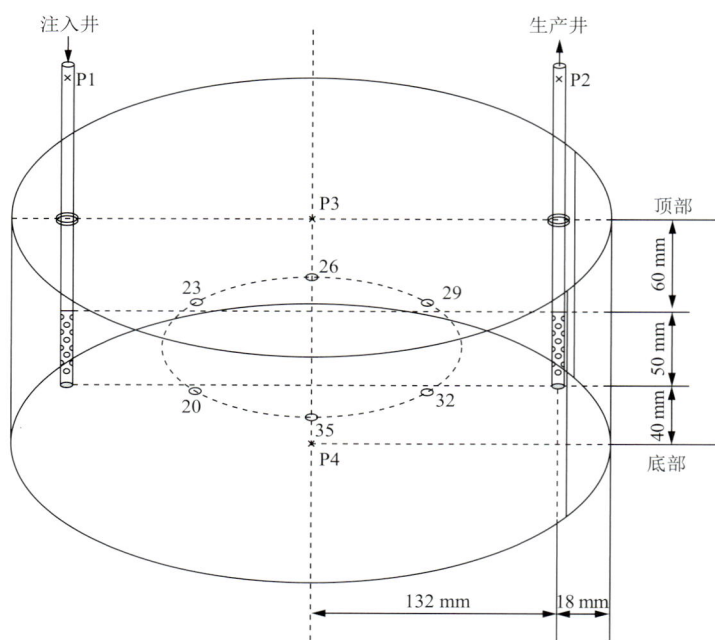

图 5-18　布井示意图

P1~P4—4 个压力传感器分布

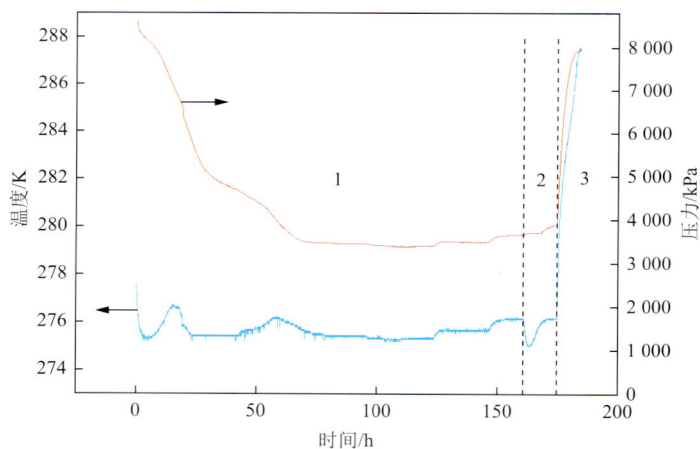

图 5-19　实验 4 反应器中温度和压力变化规律

1—水合物样品制备阶段；2—水合物开采阶段；3—剩余水合物升温分解阶段

水受重力向下迁移，同时保证水合物能够较快生长，从而合成均匀分布的水合物样品。实验起始点由于注入 CH_4 的温度高于水浴温度，导致反应器内温度上升；完成进气后，在水浴的影响下，温度迅速下降，压力也随之降低；8.5 h 左右，温度开始快速升高，这是由水合物形成时放出热量所致，表明此时水合物已经开始生成，即在此条件下水合物的生成诱导时间约为 8.5 h；15 h 后温度达到峰值，储层温度逐渐降低并恢复至水浴温度；之后约 30 h 内，温度稳定，但压力继续下降，表明水合物继续生长，但生长速度较慢；43 h 左右，温度再次上升，上升速度较第一次变缓，表明储层中发生了较快的水合物二次生成，这可能是由于第一次水合物快速形成的过程中致使部分区域被封堵，孔道间气体流通受阻。待反应器中压力达到平衡后，为了保证该系列实验温度一致，每组实验都将水浴温度调整至 276.15 K。图 5-19 中，125～170 h 之间即温度调整时间，该阶段中压力随温度呈阶梯形上升。至此，水合物样品生成完毕。

第二阶段为水合物开采阶段。在连续注采过程中，存在甲烷水合物的分解（吸热）和 CO_2 水合物的形成（放热）。由于注入气体组成不同，该阶段温度的变化出现明显的差异。图 5-20 显示了实验 1 和实验 4～6 的温度变化。除图 5-20(a) 外，尽管温度传感器在反应釜中所处位置不同，但温度变化几乎重合，表明井间气体分子的扩散性很好。在实验 1 中，注入 CO_2 摩尔分数为 74%，井间温度先增加后降低，且存在明显的差异。温度高于初始温度，表明实验 1 中 CO_2 水合物的形成是主要过程。另外，在 43%（实验 4）或更低（实验 5 和 6）的 CO_2 摩尔分数下，温度在非常短的时间内增大，随后降低到低于水浴温度。随着注入气体中 H_2 含量的增加，温度降低的程度变大。值得注意的是，在该过程的初始阶段存在短暂的升温过程，这是由于注入气体的温度高于储层初始温度。

从图 5-20 中还可以看出，随着注入气中 CO_2 摩尔分数的增大，温度降低幅度越来越小；当 CO_2 组分达到 74% 时，釜内的温度已经变为上升趋势，这说明 CO_2 摩尔分数为 43%～74% 之间的某一个值时，水合物层可能达到热量的收支平衡，从而对环境温度的影响达到最小。引起温度差异的原因主要是：CO_2 摩尔分数变大，CO_2 参与形成水合物释放的热量和溶解释放的热量就会增大。

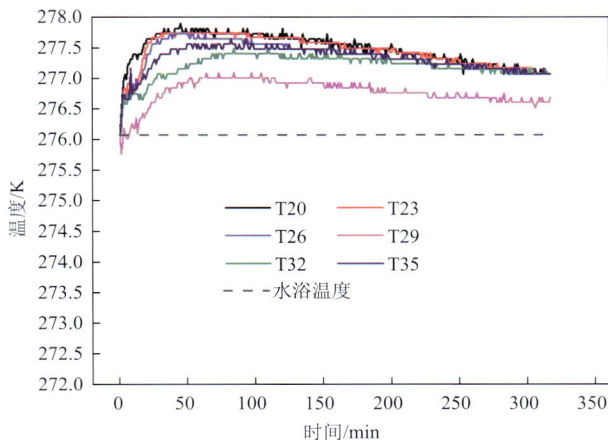

（a）实验 1

图 5-20　注采阶段反应器内不同位置处的温度变化

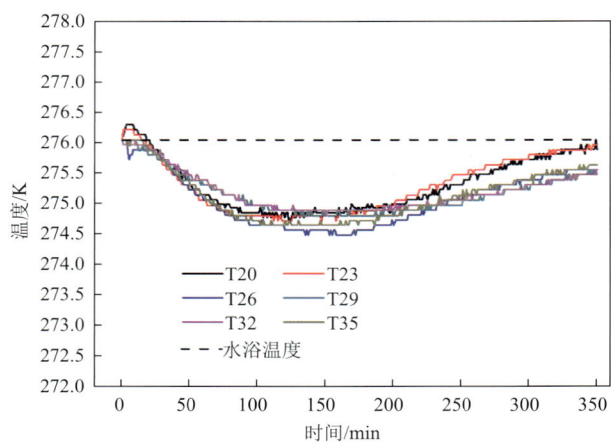

（b）实验 4

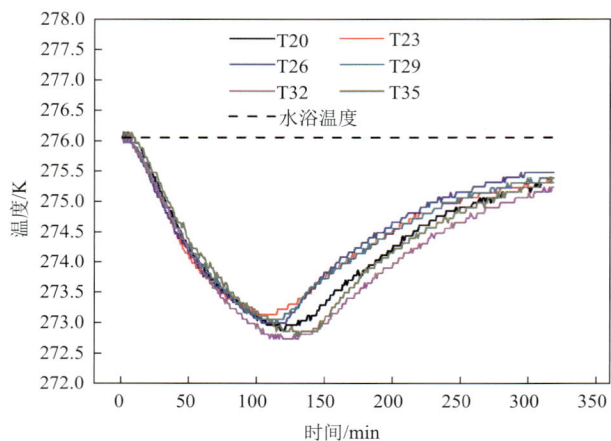

（c）实验 5

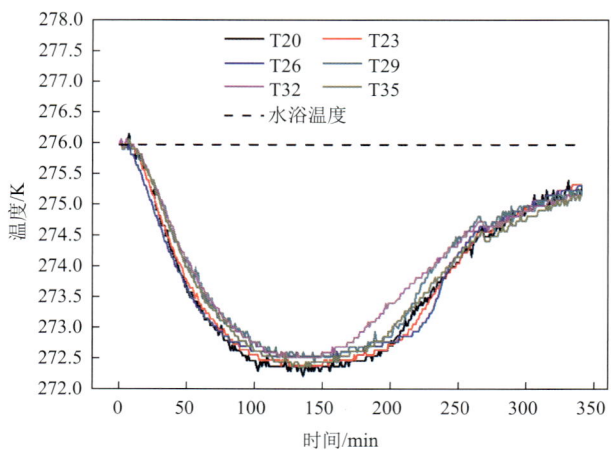

（d）实验 6

续图 5-20　注采阶段反应器内不同位置处的温度变化

　　第三阶段是将剩余水合物升温分解,用于核算甲烷水合物的剩余量和 CO$_2$ 水合物的生成量。

　　不同注入气体的反应器内的温度分布特征(图 5-21)显示,随着 CO$_2$摩尔分数的降低,温度低于 273.6 K 的区域(低温区,即比初始温度小 3 K 以上的区域)体积增加。这表明注入气体中 CO$_2$摩尔分数越低,受气体混合物影响的区域越大。然而,当 CO$_2$ 的摩尔分数低于 43% 后,低温区体积的变化较小。这是由于温度急剧下降导致随后的水合物分解速率降低。

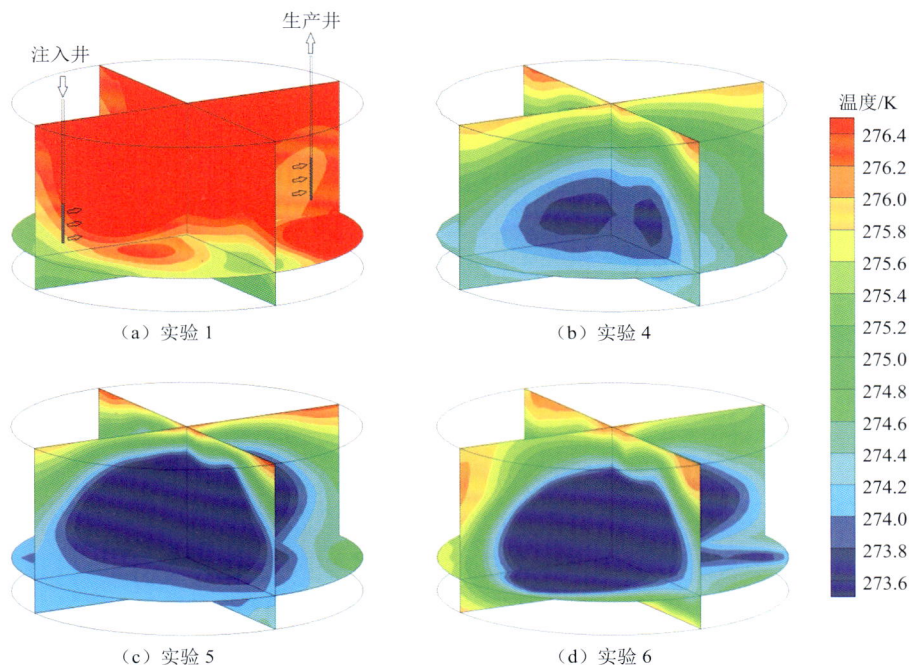

图 5-21　反应器内温度分布(100 min)

　　以实验 4 为例,注采起始时刻,反应器中的温度主要集中在 276 K 左右。如图 5-22 所示,注采 1.5 h 时,反应器中整体温度均下降,但温度降低最明显的区域集中在中心位置,说明水合物分解的主要区域在两井之间,且偏向注入井;注采 3 h 时,中心区域温度继续降低,但边缘区域温度已经有一定的回升,并且低温区向生产井靠近,表明水合物主要分解区域随着注采时间由注入井向生产井移动。主要原因是:① 注入井井口附近水合物第一时间接触注入气,孔隙中 CH$_4$ 游离气被迅速带走,导致甲烷水合物快速分解;② 气体流动过程中,甲烷水合物分解产出 CH$_4$,因此 CH$_4$摩尔分数不断升高,导致距离注入井越远,甲烷水合物分解推动力越小;③ 当注入井井口甲烷水合物分解到一定程度后,分解速率降低,CO$_2$水合物生成速率加快,温度开始回升,此时由于分解产出的 CH$_4$ 量降低,距离注入井井口较远的区域开始快速分解。

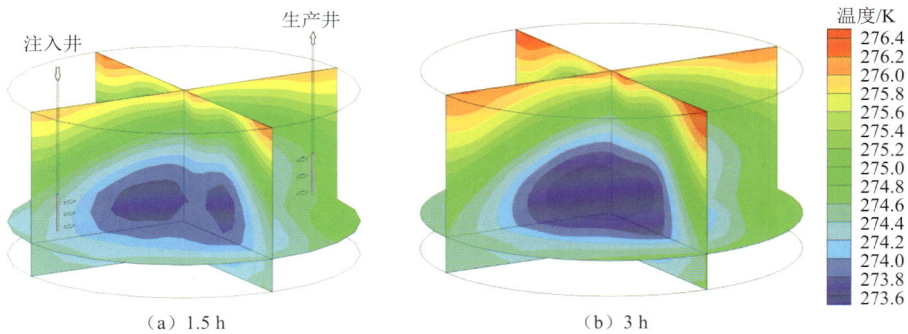

（a）1.5 h   （b）3 h

图 5-22　实验 4 中不同时刻反应釜中的温度

5.4.4　注入气组成的影响

　　水合物开采的核心思想是如何破坏水合物的稳定，促使水合物发生分解，并在此基础上降低对环境的影响。实验研究使用了双井连续注入混合气体开采甲烷水合物的方法，其机理主要是利用混合气降低储层中 CH_4 的分压，从而促使甲烷水合物快速分解，在 CH_4 分压小于降压开采压力后即可以有效增强水合物后期的分解能力；同时，由于注采过程中储层压力恒定，CO_2 在满足一定分压条件后可以形成 CO_2 水合物，有利于维持地层的稳定，也可达到封存 CO_2 的效果，即从安全和环保的角度来看，具有很大的优势。基于以上优势，笔者研究团队深入研究了不同注入气组成对甲烷水合物开采和 CO_2 封存的影响。

　　首先，混合气经过水合物层后被采出，导致反应器和收集罐中的气相组成不断变化。在该过程中，反应器内气相组分中 CO_2 和 H_2 的摩尔分数不断升高，CH_4 的摩尔分数不断降低，从而打破了甲烷水合物的稳定状态，开始分解出 CH_4。图 5-23（a）中，120 min 之前，实验 4 反应器内气相组成变化相对较快，CH_4 含量降低至 25%；120 min 之后，气相组成变化速度变缓。这与实验 4 收集罐中的气相组成变化规律基本一致，但不同之处在于收集罐中气相组成曲线更平滑，如图 5-23（b）所示。原因可能是：120 min 前，反应器内气相中 CH_4 含量高，甲烷水合物的分解推动力相对较小，产出的 CH_4 主要是 CH_4 游离气，之后随着气相中 CH_4 含量的减少，分解推动力逐渐增大，从而在一定程度上填补了前后的产气差距。

　　对比另外两组不同注入气组成的实验，其中实验 1 中 CO_2 的摩尔分数最高，为 74%，实验 5 中 CO_2 的摩尔分数为 20%。从这两组实验中也可以发现上述规律，但实验 5 中 CH_4 的摩尔分数变化很快（约 50 min）趋于平缓，而实验 1 中 CH_4 的摩尔分数变化曲线十分平滑，始终没有出现明显的转折点。造成此现象的原因可能是 CO_2 的摩尔分数较大时，CO_2 不断溶解在水中并与水或残存的水合物结构生成水合物，从而间接减小了气体注入速率，导致 CH_4 含量的变化速率减慢。

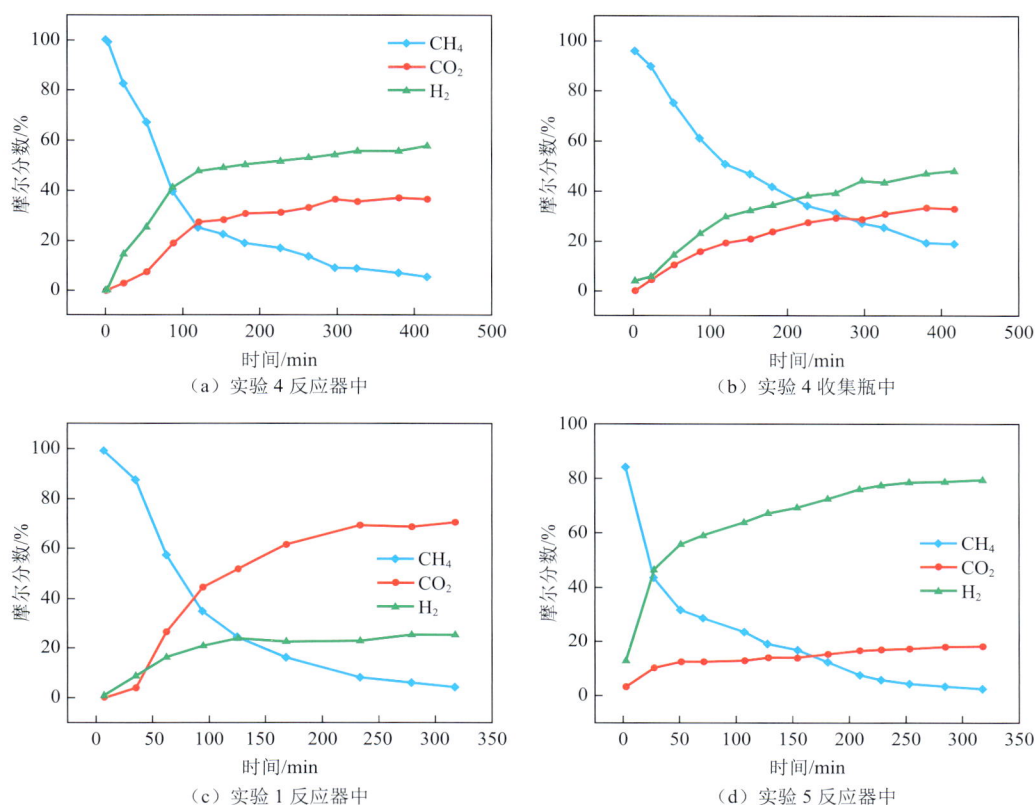

图 5-23　注采阶段气相中 CH₄,CO₂ 和 H₂ 摩尔分数随时间的变化

图 5-24 对比了注采过程中实验 1,4～6 的产气速率和注气速率。可以看出,在实验 1 中,产气速率始终小于注气速率,而在实验 4～6 中(尤其是实验的前半阶段)结果却截然相反。由于反应器内的压力在整个注采过程中是恒定的,如果产气速率大于注气速率,则表明水合物分解量大于新形成的量;相反,如果产气速率小于注气速率,则表明水合物分解量小于新形成的量。注采过程的后半段,产气速率和注气速率逐渐持平,表明水合物分解量和新形成的量逐渐一致,或者两个量都很小。

利用 CO₂ 置换开采甲烷水合物主要有两个考核标准:CH₄ 的采收率和 CO₂ 的封存率。图 5-25 给出了实验 1,4～7 中 CH₄ 采收率随时间的变化。65 min 前,CH₄ 的采收率基本保持相同的上升速率。在这个阶段,甲烷水合物的分解主要由两个因素控制,即气相中 CH₄ 含量和温度。H₂ 含量越大,意味着可以越快地降低 CH₄ 含量,但同时又会使储层温度下降幅度更大。65 min 之后,CH₄ 的采收率出现差异,此时 CH₄ 采收率与反应器中 CH₄ 初始游离气含量(35%～36%)较为接近。实验停止时,CH₄ 采收率排序为:实验 6＞实验 4≈实验 5≈实验 7＞实验 1,表明注入纯 H₂ 时更有利于水合物的分解,其开采机理为:气体吹扫降低储层气相中 CH₄ 的分压,从而引起 CH₄ 水合物分解。其余 4 组中,实验 1 采收率最低,而实验 4～6 中 CH₄ 的采收率相差无几。以上结果表明,注入气体组成能够在一定程度上影响 CH₄ 采收率,即注入气中 CO₂ 的含量越小,CH₄ 采收率越高,但当

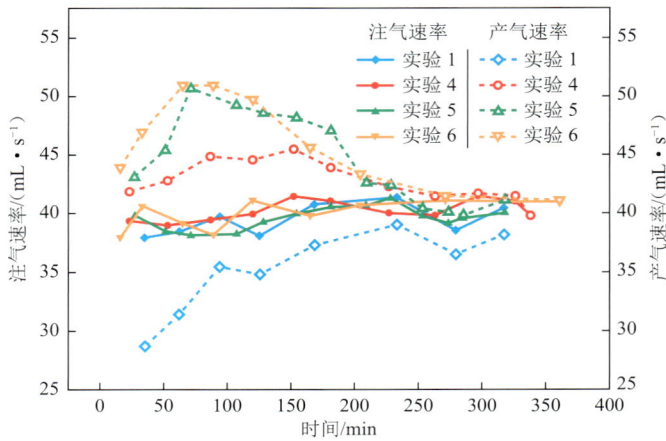

图 5-24　注气速率与产气速率的关系

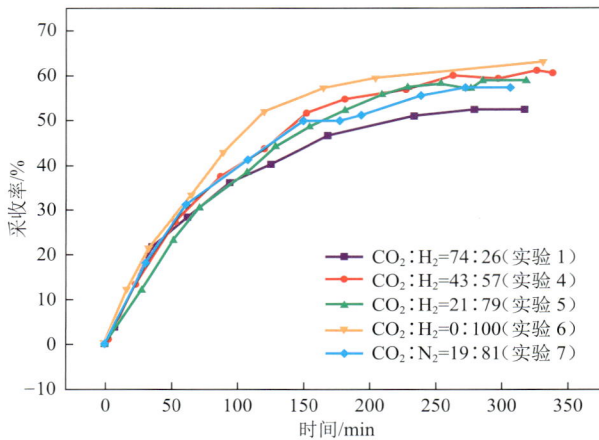

图 5-25　注入气组成与 CH_4 采收率的关系

CO_2 摩尔分数在 $20\%\sim43\%$ 时,这种影响基本可以忽略。这依然是温度和气相中 CH_4 含量共同作用的结果。此外,对比相同 CO_2 含量时 CO_2-H_2 和 CO_2-N_2 混合气体的开采效果,两者几乎没有区别,最终 CH_4 的采收率均为 57%。

　　实验 4 中 CH_4 的采收率和甲烷水合物的分解速率随时间的变化,如图 5-26 所示。50 min 前,水合物分解速率与采收率基本相同,原因是注入气进入反应器后很快带走孔道中的 CH_4,使水合物快速分解,并且水合物的分解产气量要小于 CH_4 产出量,将进一步加大分解推动力。50 min 后,水合物分解速率变慢,与 CH_4 采收率差值变大并最终趋于稳定,主要原因可能是注入井井口压力最高,生产井井口压力最低,气体更趋向于在两井之间的孔道中流动,也就是说,处于两井之间的水合物会优先分解。50 min 时,该区域的水合物已经发生较高程度的分解,温度快速下降,导致分解速率降低,而其他区域的水

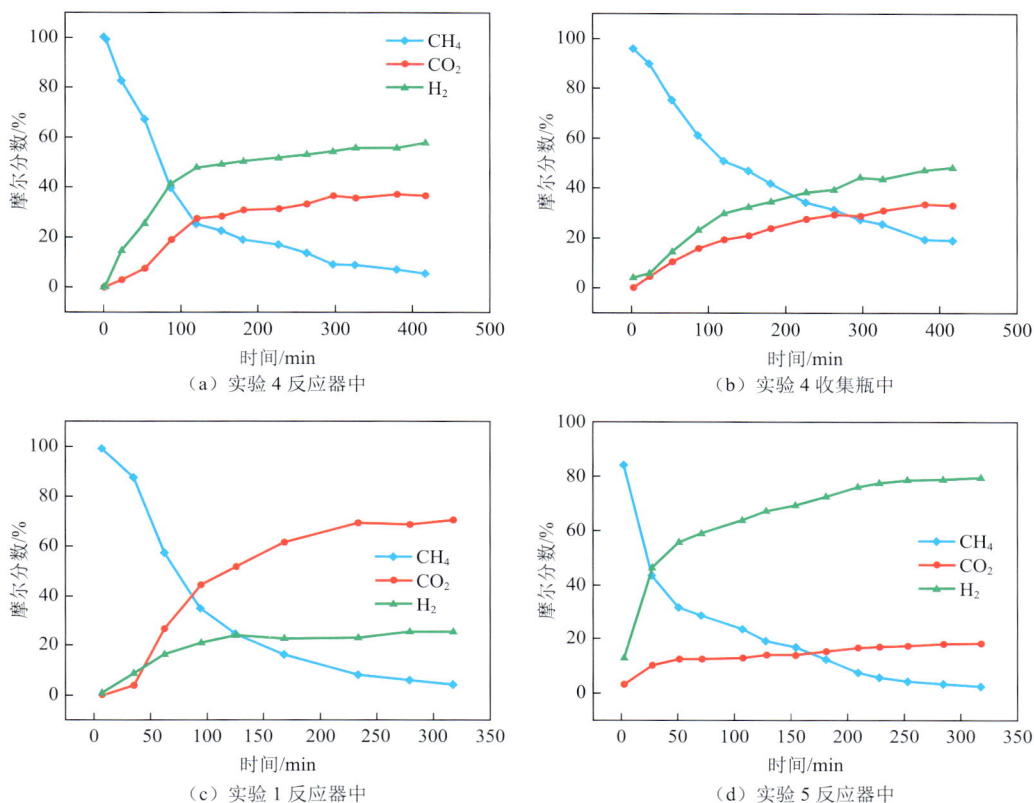

（a）实验 4 反应器中

（b）实验 4 收集瓶中

（c）实验 1 反应器中

（d）实验 5 反应器中

图 5-23　注采阶段气相中 CH$_4$，CO$_2$ 和 H$_2$ 摩尔分数随时间的变化

图 5-24 对比了注采过程中实验 1，4～6 的产气速率和注气速率。可以看出，在实验1 中，产气速率始终小于注气速率，而在实验 4～6 中（尤其是实验的前半阶段）结果却截然相反。由于反应器内的压力在整个注采过程中是恒定的，如果产气速率大于注气速率，则表明水合物分解量大于新形成的量；相反，如果产气速率小于注气速率，则表明水合物分解量小于新形成的量。注采过程的后半段，产气速率和注气速率逐渐持平，表明水合物分解量和新形成的量逐渐一致，或者两个量都很小。

利用 CO$_2$ 置换开采甲烷水合物主要有两个考核标准：CH$_4$ 的采收率和 CO$_2$ 的封存率。图 5-25 给出了实验 1，4～7 中 CH$_4$ 采收率随时间的变化。65 min 前，CH$_4$ 的采收率基本保持相同的上升速率。在这个阶段，甲烷水合物的分解主要由两个因素控制，即气相中 CH$_4$ 含量和温度。H$_2$ 含量越大，意味着可以越快地降低 CH$_4$ 含量，但同时又会使储层温度下降幅度更大。65 min 之后，CH$_4$ 的采收率出现差异，此时 CH$_4$ 采收率与反应器中 CH$_4$ 初始游离气含量（35%～36%）较为接近。实验停止时，CH$_4$ 采收率排序为：实验 6＞实验 4≈实验 5≈实验 7＞ 实验 1，表明注入纯 H$_2$ 时更有利于水合物的分解，其开采机理为：气体吹扫降低储层气相中 CH$_4$ 的分压，从而引起 CH$_4$ 水合物分解。其余 4 组中，实验1 采收率最低，而实验 4～6 中 CH$_4$ 的采收率相差无几。以上结果表明，注入气体组成能够在一定程度上影响 CH$_4$ 采收率，即注入气中 CO$_2$ 的含量越小，CH$_4$ 采收率越高，但当

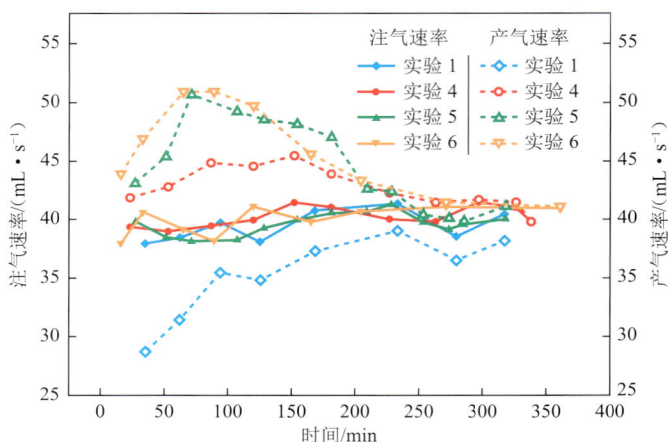

图 5-24 注气速率与产气速率的关系

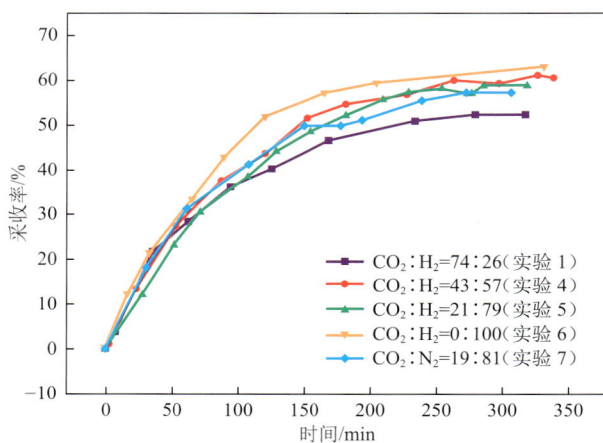

图 5-25 注入气组成与 CH_4 采收率的关系

CO_2 摩尔分数在 $20\%\sim43\%$ 时,这种影响基本可以忽略。这依然是温度和气相中 CH_4 含量共同作用的结果。此外,对比相同 CO_2 含量时 CO_2-H_2 和 CO_2-N_2 混合气体的开采效果,两者几乎没有区别,最终 CH_4 的采收率均为 57%。

实验 4 中 CH_4 的采收率和甲烷水合物的分解速率随时间的变化,如图 5-26 所示。50 min 前,水合物分解速率与采收率基本相同,原因是注入气进入反应器后很快带走孔道中的 CH_4,使水合物快速分解,并且水合物的分解产气量要小于 CH_4 产出量,将进一步加大分解推动力。50 min 后,水合物分解速率变慢,与 CH_4 采收率差值变大并最终趋于稳定,主要原因可能是注入井井口压力最高,生产井井口压力最低,气体更趋向于在两井之间的孔道中流动,也就是说,处于两井之间的水合物会优先分解。50 min 时,该区域的水合物已经发生较高程度的分解,温度快速下降,导致分解速率降低,而其他区域的水合物由于气体的流通性较差,分解相对滞后。

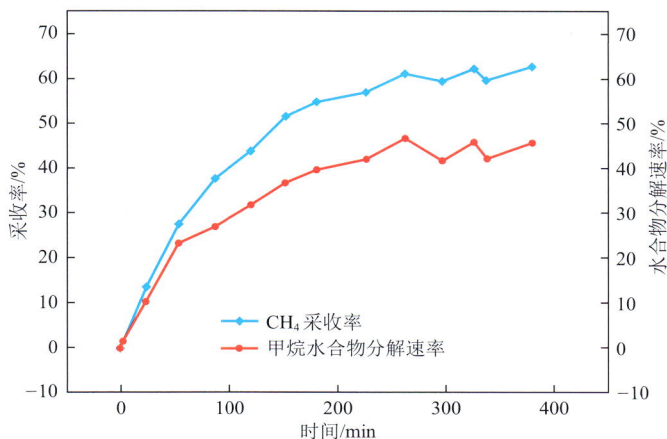

图 5-26　实验 4 中 CH_4 采出率和甲烷水合物分解速率随时间的变化

　　为了进一步探讨注入气组成对 CO_2 封存量的影响,分析了实验 1、4 和 5 中 CO_2 的累积注入量($CO_{2\,in}$)、CO_2 的累积封存量($CO_{2\,storage}$)和 CH_4 的累积产出量($CH_{4\,out}$),其结果如图 5-27 所示。3 组实验的 CO_2 累积注入量成直线上升,表明注入速率十分稳定。对比 3 组实验结果,实验 1 中 CO_2 注入量最大,CO_2 的封存量和 CH_4 的产出量始终在 CO_2 的注入量之下,且 CO_2 的封存量始终比 CH_4 产出量稍高;实验 4 中 CO_2 注入量居中,CH_4 产出量远大于 CO_2 的封存量,$n(CH_4)/n(CO_2) \approx 4$,且在 200 min 之前,$CH_4$ 产出量大于 CO_2 注入量,这表明开采过程中降低分压的效果非常显著。分析认为,为了达到封存 CO_2 的目的,混合气的比例应大于 43%。值得注意的是,当 CO_2 的摩尔分数为 74% 时,CO_2 封存量略大于 CH_4 的产出量,表明如果略微降低 CO_2 的摩尔分数,可以达到 CO_2 与 CH_4 的 1:1 置换。

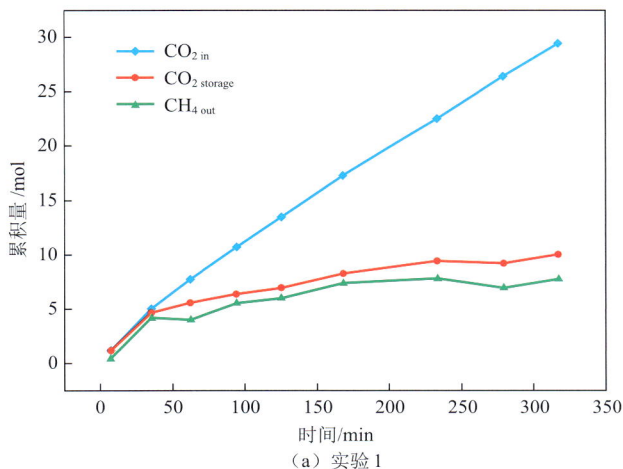

（a）实验 1

图 5-27　CO_2 累积注入量、累积封存量和 CH_4 累积产出量的变化规律

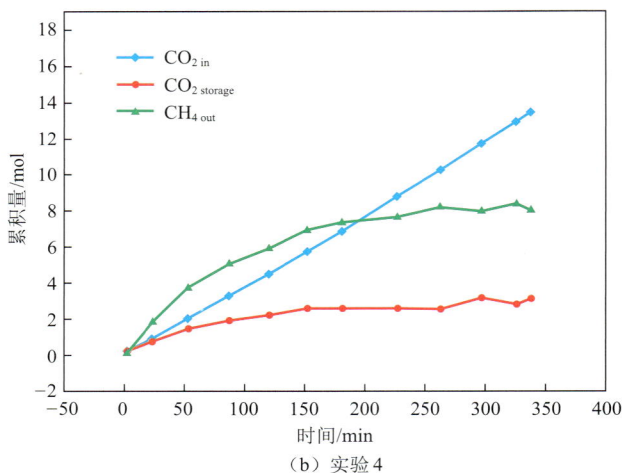

（b）实验 4

续图 5-27　CO_2 累积注入量、累积封存量和 CH_4 累积产出量的变化规律

综上所述，当注入气中 CO_2 的摩尔分数大于 43% 时，才会有较为明显的封存量，并且此时达到了除纯 H_2 注入外的最高 CH_4 采收率，而当 CO_2 的摩尔分数达到 74% 时，CO_2 封存量已经略微超过 CH_4 的产出量，这表明 CO_2 的摩尔分数在 43%～74% 之间存在维持地层强度的最佳比例，同时对地层温度的影响也最小。

5.4.5　注入速率的影响

本实验开采水合物的原理是利用吹扫气替换孔道中的气相 CH_4，从而降低 CH_4 的分压，使水合物相和气相失去平衡，水合物发生分解以减小两相间的逸度差。决定孔道内 CH_4 分压的关键因素就是吹扫气的注入速率，因此进一步研究注入速率对 CH_4 水合物开采的影响非常重要。

实验 1,2 和 3 中，CO_2-H_2 混合气的注入速率分别为 39.4 mL/s,13.7 mL/s 和 2.45 mL/s，其余的实验参数保持一致。从图 5-28 中可以看出，随着注入速率的降低，实验达到平衡的时间变长。此外，分析 CH_4 的采收率变化发现，实验 1 的 CH_4 采收率最高，为 52.4%，而实验 3 的最低，仅为 41.4%，这说明较低的气体注入速率并不利于甲烷水合物的分解。

对比图 5-29 和图 5-27(a)可知，降低气体注入速率，会使 CO_2 的累积封存量和 CH_4 的产出量的差值变大。经过分析，本系列实验中，实验 3 的 CO_2 封存率要远大于实验 1 和实验 2(图 5-30)，且在 50 h 时，CO_2 的封存率依然超过了 50%。这是由于注入速率降低后，CO_2 分子在水合物层中滞留的时间相对变长，更有利于参与 CO_2 水合物的生成。

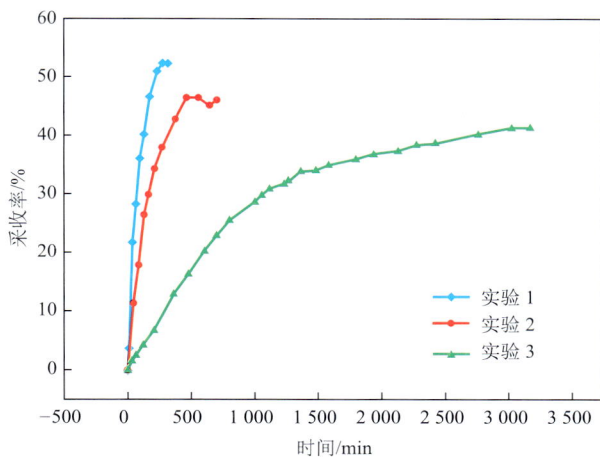

图 5-28　气体注入速率与 CH₄ 采收率的关系

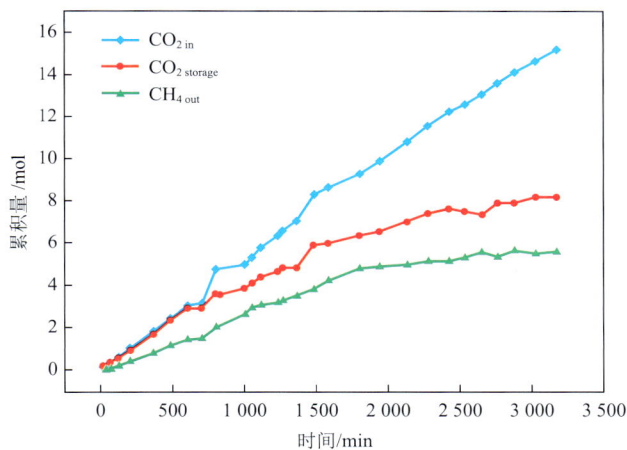

图 5-29　实验 3 中 CH₄ 累积产出量和 CO₂ 累积封存量、累积注入量的变化

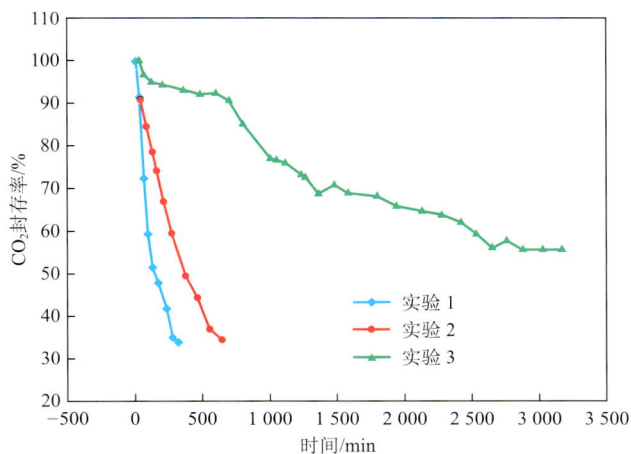

图 5-30　CO₂ 封存率的变化

此外,针对不同的气体注入速率,分析了注入气的产气效率,如图 5-31 所示。其中,横坐标为注采比,即气体累积注入量与 CH_4 累积产出量之比;纵坐标为 CH_4 的采收率。当 CH_4 采收率小于 35％时,注入速率最低条件对应的注采比最小。也就是说,降低注入速率意味着可以注入更少量的气并获得相同的 CH_4 采收率。当 CH_4 采收率大于 35％时,实验 3 曲线与实验 2 曲线相交,之后,同样的 CH_4 采收率对应的最低注采比是实验 2 中的,表示在此时改变注入速率至实验 2 的注入速率可以降低注采比。同样,实验 2 曲线在 CH_4 采收率为 47％处也与实验 1 曲线相交,表明当 CH_4 采收率小于 47％时,实验 2 的注采比更低,超过 47％后实验 1 的注采比更低。造成该现象的原因可能是:实验前期,反应器中的 CH_4 气体饱和度较高,注入气注入后主要采出的是 CH_4 游离气;而后 CH_4 气体的摩尔分数不断降低,水合物的分解速度随之变大,分解产生的 CH_4 逐渐成为产出 CH_4 的主要来源。不同的气体注入速率条件下,气体向各个方向流动的推动力都会有差异,注入速率越高意味着推动力越大,越有利于气体向整个水合物层流动,从而使分解区域更大;此外,不同的注入速率也会影响反应区域的气体更新速度。

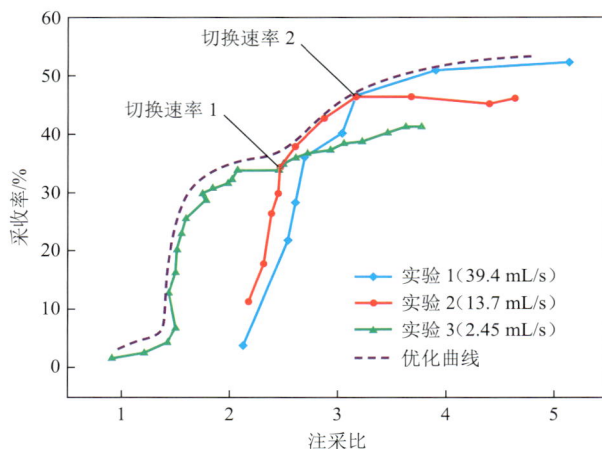

图 5-31 注采比与采收率的关系曲线

因此,为了降低生产成本,并达到较高的 CH_4 采收率,应该根据开采阶段的变化,实时地调节注入速率,即在开采前期,当 CH_4 采收率较低时,采用低注入速率可以降低注采比;而在开采后期,CH_4 采收率逐渐趋于稳定,此时提高注入速率既能提高 CH_4 采收率,又能降低注采比,从而降低生产成本。

此外,考虑到 H_2 作为高品质绿色能源,针对 H_2 回收问题进行了相关计算分析。如图 5-32 所示,随着注入气中 CO_2 含量的上升,可以有效地降低 H_2 在储层中的残留量。H_2 回收率在各组实验中达到甚至超过 90％,而将开采周期延长或在开采后期结合降压开采,H_2 将几乎全部回收。因此,对于 H_2 回收策略与 CO_2 封存和 CH_4 产出策略的方向是一致的。同时,该方案更适用于水合物的长期商业开发。

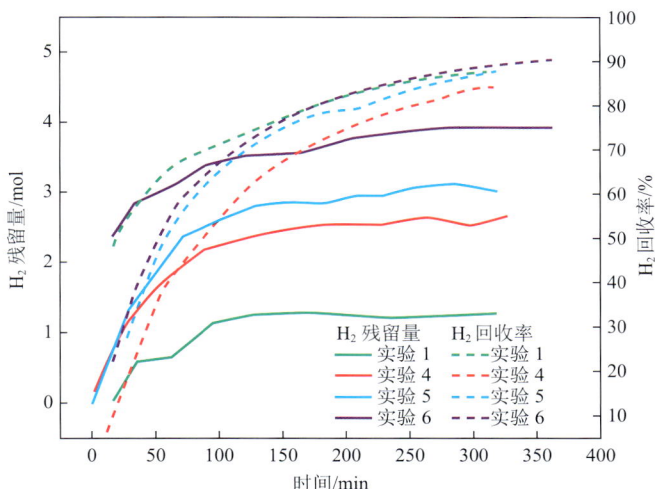

图 5-32　H₂ 在储层中的残留量和 H₂ 回收率

5.5　CO₂-H₂ 半连续注采开采甲烷水合物实验研究

尽管含 CO_2 混合气连续吹扫过程的 CH_4 采收率很高,但存在开采后期产出气中 CH_4 摩尔分数低的缺点。为了进一步改进连续注采过程中后期产气效率严重下降的问题,进一步提出了混合气半连续注采的技术方案,即在使用混合气驱替部分储层气体后,加入静态置换过程,以期扩大开采区域,提高 CH_4 采收率,并降低注气成本。因此,进行了 $CO_2 + H_2$ 混合气间歇注采模式开采甲烷水合物的实验研究,以期在不降低 CH_4 采收率的基础上,提高产出气中 CH_4 的摩尔分数。实验条件见表5-5。其中,第 4 组注入气随着注入次数而改变,其注入原则是将产出气中的 CH_4 用 CO_2 替换后再次注入水合物样品,如实验 4 第一次产出气组成为 $V_{CH_4} : V_{CO_2} : V_{H_2} = 27:15:58$,第二次注入气组成为 $V_{CO_2} : V_{H_2} = 42:58$,以此类推。

表 5-5　CO₂-H₂ 半连续注入开采甲烷水合物的实验条件

实　　验	1	2	3	4
石英砂目数/目	20～40	20～40	20～40	20～40
温度/K	275.91	276.04	276.06	276.23
压力/MPa	3.41	3.46	3.46	3.73
水合物饱和度/%	25.1	25.0	23.7	23.4
含水饱和度/%	21.2	21.3	22.3	22.6
注入气组成($V_{CO_2} : V_{H_2}$)	74:26	40:60	22:78	循环注入
注入次数	3	3	5	4

图 5-33 中给出了 4 组实验注采过程中温度的变化,实验结果与表 5-4 中实验的现象保持一致。当 CO_2 摩尔分数较高($\geqslant 68\%$)时,在注采阶段反应器内平均温度呈现先上升后下降的趋势;当 CO_2 摩尔分数较低时($\leqslant 45\%$),在注采阶段反应釜内平均温度呈现先下降后上升的趋势。由于焖井起始时刻 CH_4 在气相中的摩尔分数很低,所以温度变化导致的主要区别在于 CO_2 参与生成水合物的速率和在游离水中的溶解速率。相比而言,由于 CO_2 溶液量要远小于 CO_2 水合物生成量,所以温度变化的主要控制因素是注入气中 CO_2 的摩尔分数。与注采阶段的温度变化相比,焖井阶段温度的变化很小,尽管甲烷水合物分解量和 CO_2 水合物生成量存在差异,但由于置换速率低,整个储层温度会稳定在水浴温度。此外,在实验 3 中,通过控制注气量和注气速率,保证 5 次注入条件基本一致,但在注采过程中,温度的变化幅度却存在明显的差异。这说明当注入气中 CO_2 的摩尔分数一致时,每次开采所引起的 CH_4 水合物分解速率也存在差异。由于只有水合物分解吸收热量,因此可以认为温度降低幅度越大意味着 CH_4 水合物分解越剧烈。

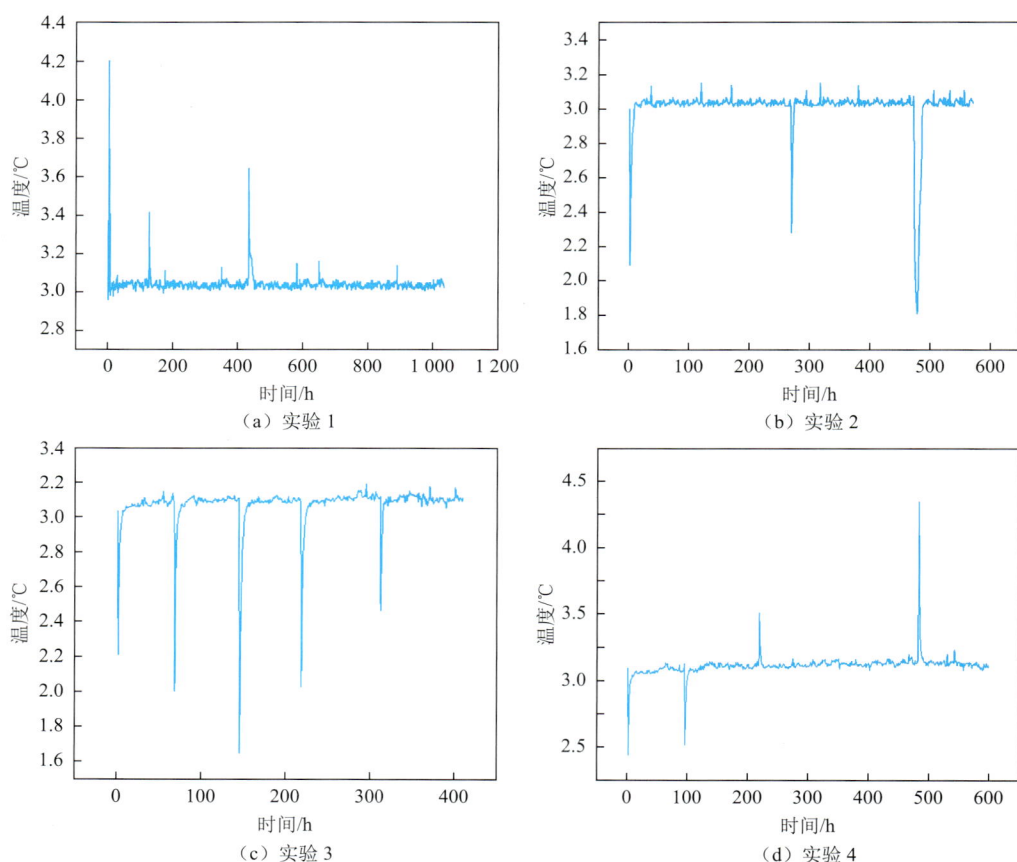

图 5-33　注采过程中温度的变化

图 5-34 中给出了 4 组实验注采过程中压力的变化。由实验 1 的压力变化可以看出,在注采过程结束后,反应器内的压力先是迅速降低,之后逐渐回升。在实验 2 和实验 3 中,焖井开始后,反应釜内的压力先是迅速上升,之后上升速率迅速降低,进而开始缓慢

上升。造成以上结果的原因可能是:注采过程中,气体的流通通道主要集中在两井之间,并有可能形成气体流通短路,导致气体很难在短时间内扩散到两井之外更大的区域范围。产出气组成更大程度上代表了两井间的气相组成。当注气结束开始焖井时,两井间局部区域的气相浓度更接近注入气组成,而四周区域的气相中可能仍然存在较多的 CH_4。因此,实验 1 注采结束时,两井间的气相中 CO_2 的含量高,快速参与形成水合物,导致温度升高(图 5-33a)、压力降低(图 5-34a);之后,随着 CO_2 向边缘区域扩散,边缘区域气相中 CH_4 的含量降低,导致 CH_4 水合物分解速率加快,CO_2 水合物生成速率随着 CO_2 的消耗和扩散逐渐变小,因此曲线出现转折,CO_2 的含量逐渐回升。在实验 2 和实验 3 中,CH_4/CO_2-H_2 在此压力下不能形成水合物,因此只有 CH_4 水合物快速分解,导致温度降低,压力升高。这在实验 4 中可以得到进一步的验证。

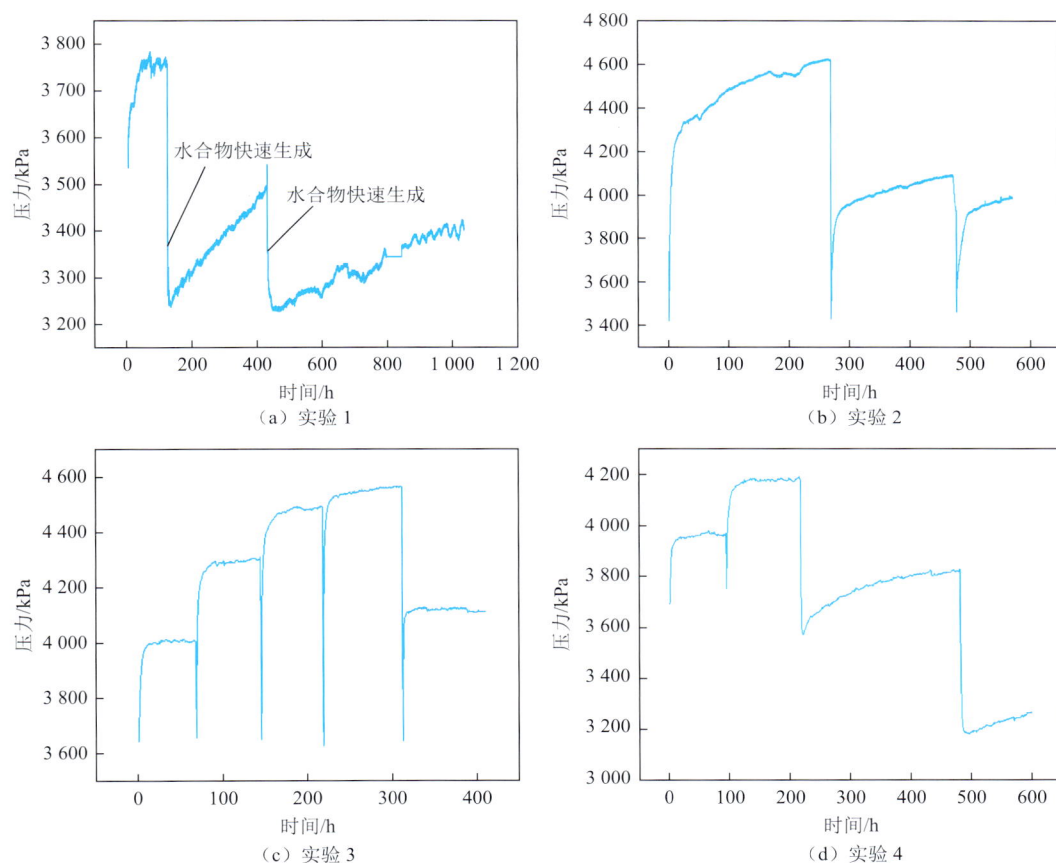

图 5-34　注采过程中压力的变化

如图 5-35 所示,不同注入气体组成对应的甲烷水合物分解率相差较大。结果表明,降低 CO_2 的摩尔分数,能够有效地强化水合物分解,最终 CH_4 采收率能够接近 100%。当 CO_2 的摩尔分数较高时,水合物开采效果明显变差,表明给予高摩尔分数 CO_2 充分的反应时间,所形成的 CO_2 水合物会导致后续 CH_4 难以采出,其主要受控因素为气体传质速率。从分解速率来看,水合物分解速率的峰值总是出现在气体吹扫前后,表明该过程能够有效降低储层中 CH_4 的分压,此时甲烷水合物分解推动力最大。同时,低 CO_2 摩尔分数对应于高水合物分解速率,说明 H_2 的存在可有效地提高甲烷水合物的分解推动力,且气相中 H_2 的摩尔分数越高,该分解推动力越大。基于以上研究,增大分解推动力的方法有两种:其一是注入更多的原料气,以降低储层中 CH_4 的摩尔分数;其二是提高注入气中 H_2 的摩尔分数,提高储层气相相平衡压力。但是,后者会引起产出气品质下降、注采成本上升、需要更多 H_2 等问题。此外,该部分研究还证明了采用半连续注采的方式能够提高 CH_4 采收率,或者说,半连续注采是解决连续注采方案后期产气品质低、成本高等问题的有效途径。

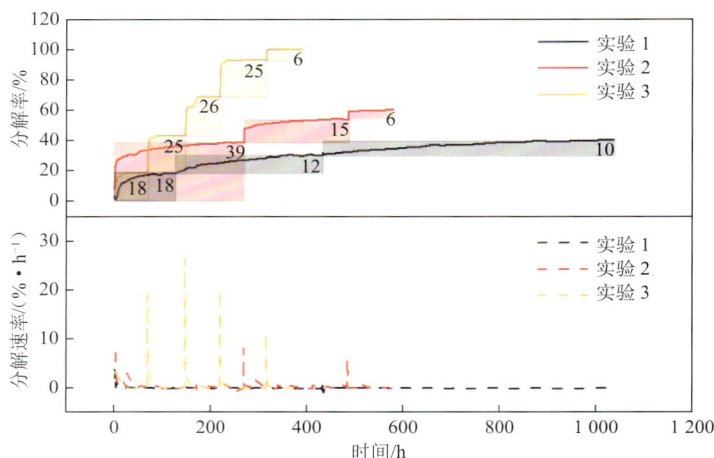

图 5-35　间歇注采过程中甲烷水合物分解率和分解速率随时间的变化
图中数字表示单个阶段甲烷水合物分解率的变化值

图 5-36 中给出了实验 4 中第一次和第三次置换过程的压力和水合物分解率的变化规律。注采过程仅持续了 5～10 min,引起的 CH_4 水合物分解率小于 3%,因此在一定程度上可以认为吹扫阶段只是将反应器中大部分气相中的 CH_4 带出,而引起的水合物分解量相对一次置换过程水合物的分解量而言较小。注入气驱替了反应器内原有的部分气体(CH_4 含量相对较高)后有效地降低了气相中的 CH_4 含量,从而导致甲烷水合物发生分解。该分解过程可以分为两个阶段,即快速分解阶段和慢速分解阶段,这主要由分解推动力决定:快速分解阶段,反应釜内压力较低,并且 CH_4 含量较低;随着甲烷水合物的分解,压力不断升高,从而导致分解推动力快速减小,进入慢速分解阶段。为了提高开采效率,可以在前期采用短焖井周期条件下的多次混合气吞吐操作,而后期将分离气体回注,以提高 CO_2 的封存率,并稳固地层。

如图 5-37 所示,通过对比连续注采和半连续注采的 CH_4 采收率和产出气中 CH_4 的摩尔分数可以发现,注入气体中 CO_2 的摩尔分数能够显著影响 CH_4 采收率和产气中 CH_4 的摩尔分数。CO_2 的摩尔分数越高,CO_2 水合物的生成量和生成速率越大,越有利于提高产出气中 CH_4 的摩尔分数。然而,CO_2 水合物的累积会阻碍气体传质,导致甲烷水合物难以持续分解,引起后续产出气中 CH_4 的摩尔分数显著降低。另外,当 CO_2 注入摩尔分

（a）第一次转换

（b）第二次转换

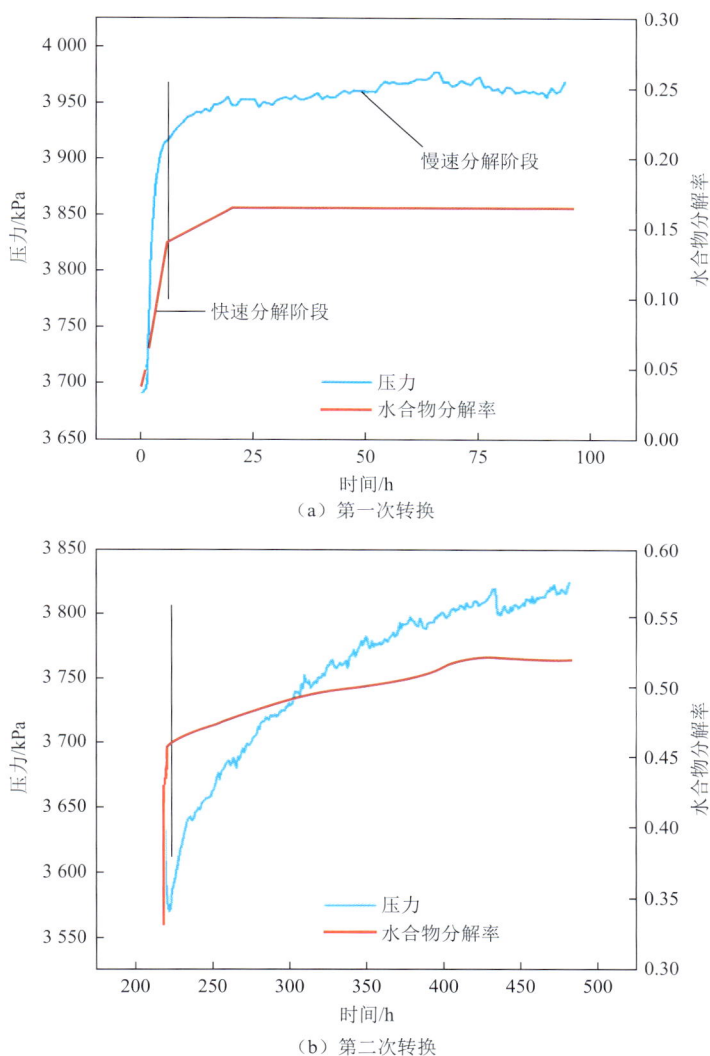

图 5-36　注采过程中压力和水合物分解率随时间的变化关系

数较低时,CO_2 水合物形成较少或 CO_2 未参与水合物形成,后续开采过程中气固接触面积可能增加,促进甲烷水合物的分解,提高产出气中 CH_4 的摩尔分数。因此,可以通过降低单次注入量或注入速率、降低注入气中 CO_2 的摩尔分数来提高产出气品质。

　　尽管焖井过程为气体传质和置换过程提供了时间,但过长的开采停滞期也会造成开采效率的降低,因此还应对注采间隔进行研究。如图 5-38 所示,在单次焖井过程中,水合物分解经历了快速分解阶段和慢速分解阶段。在实际应用中,可以通过控制注采频率,最大限度地保持水合物处于快速分解阶段,从而提高产气效率。经过对比分析发现,当注入气中 CO_2 的摩尔分数为 22% 时,快速分解过程持续时间约为 4 h,而随着 CO_2 的摩尔分数的提高,快速分解过程变长,甚至高达数百小时。

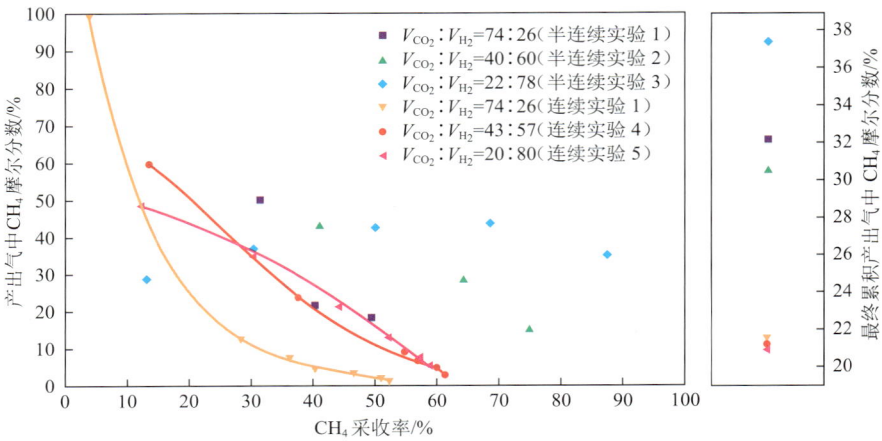

图 5-37　产出气中 CH_4 摩尔分数与 CH_4 采收率的关系（左）和
最终累积产出气中 CH_4 摩尔分数（右）

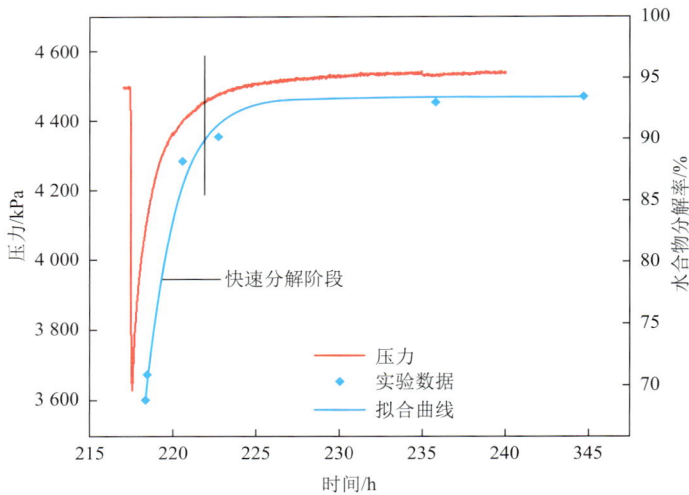

图 5-38　压力及水合物分解率随时间的变化关系

　　如图 5-39 所示，将焖井过程调整为 2 h 左右，整个开采过程中平均温度和压力都呈锯齿状变化，且储层温度始终低于储层初始温度，压力在各轮次焖井过程中均快速上升，表明储层中甲烷水合物始终处于快速分解阶段。对比水合物分解率可知，在该过程中分解率达到 90% 仅消耗约 12 h，而在前期实验中，同样的分解率对应的最小耗时为 200 h。也就是说，通过控制注采频率，能够显著提高产气效率。然而，提高注采频率的同时会造成产出气中 CH_4 摩尔分数降低，尤其是在水合物开采后期，此时建议减小注采频率以提高产出气品质。

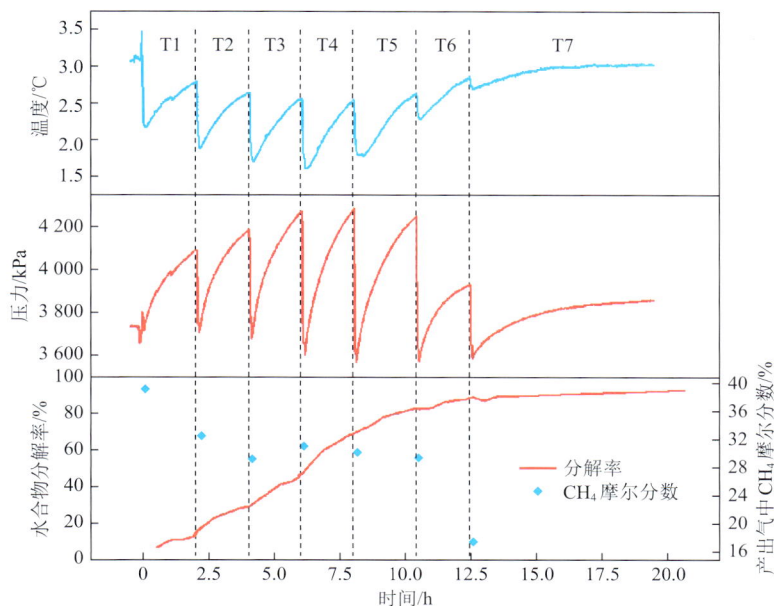

图 5-39　实验 4 压力及水合物分解率随时间的变化

　　图 5-40 给出了 CO_2 封存率随时间的变化。由图可以看出，在单次置换过程中，CO_2 的封存率呈上升趋势，并且这种趋势随着 CO_2 摩尔分数的升高而更加显著，例如实验 1 中，第一次置换过程中 CO_2 的封存率最终大于 45%，其中反应器中气相 CO_2 参与形成 CO_2 水合物的占 67.7%。这种封存效果在第二次和第三次置换过程中存在明显的下降，这是由于第一次注入反应器中的混合气压力达到了 5 000 kPa，导致 CO_2 水合物生成推动

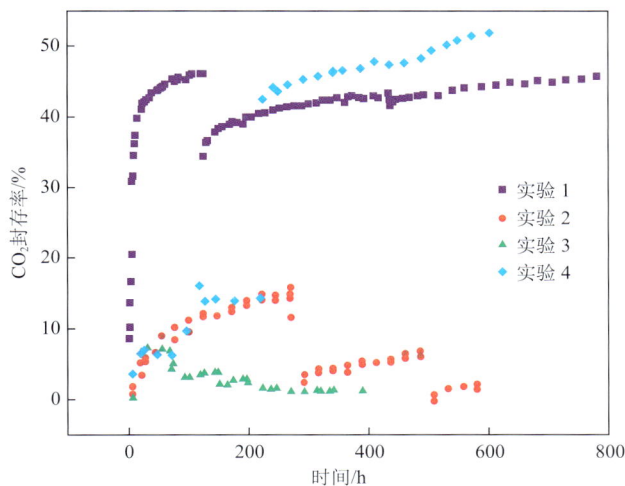

图 5-40　CO₂ 封存率随时间的变化

力增大；此外，随着注采次数的增加，CO_2 注入量随之增加，当孔隙中的游离水大部分参与 CO_2 水合物生成后，CO_2 只能更多地参与甲烷水合物的置换，这可能会降低 CO_2 的封存率。如图 5-40 所示，在后两次置换过程中，CO_2 封存率仍缓慢上升，封存效率要比第一次置换过程降低很多。对比 4 组实验，最终 CO_2 封存率排序为：实验 4＞实验 1＞实验 2≈实验 3，并且实验 4 的甲烷水合物分解率（≈60％，达到预期目标）远高于实验 1 的甲烷水合物分解率（≈40％）。此外，实验 2 和实验 3 中反应器内气相不满足水合物相平衡条件，即 CO_2 几乎不会参与水合物形成。

5.6 CO_2＋H_2 吹扫置换耦合其他技术概念

前述针对 CO_2 置换开采天然气水合物技术先后进行了注气态 CO_2/液态 CO_2/CO_2 乳液置换开采甲烷水合物模拟实验，连续注采/半连续注采模式注入含 CO_2 混合气吹扫置换开采甲烷水合物模拟实验。实验结果表明，降低注入气中 CO_2 的摩尔分数能够提高水合物的开采效率，但同时意味着 CO_2 封存率下降。当注入气体中 CO_2 分压低于水合物储层条件对应的水合物相平衡压力时，注入气的作用仅是降低沉积物孔隙气相中的 CH_4 分压，以此激发水合物分解，而几乎不存在 CO_2-CH_4 置换过程。尽管开采过程中可以保障储层孔隙压力，但大量水合物分解仍会破坏沉积物力学强度，不利于水合物沉积层的稳定，导致出现沉积物下陷和坍塌。针对该问题，进一步设计并提出了利用 CO_2＋H_2 吹扫置换耦合其他技术（包括蒸汽重整与气体分离技术）开采天然气水合物的技术方案，以期显著提高水合物置换效率，实现水合物安全高效开发。如图 5-41 所示，产出含有 CH_4 的混合气经蒸汽重整为 CO_2-H_2 混合物，其中部分 H_2 作为产品回收，剩余 CO_2-H_2 混合气回注到沉积物中，实现水合物循环开采。该开采方法具有以下优势：

（1）CH_4 采收率高；

（2）最终产出能源为 H_2；

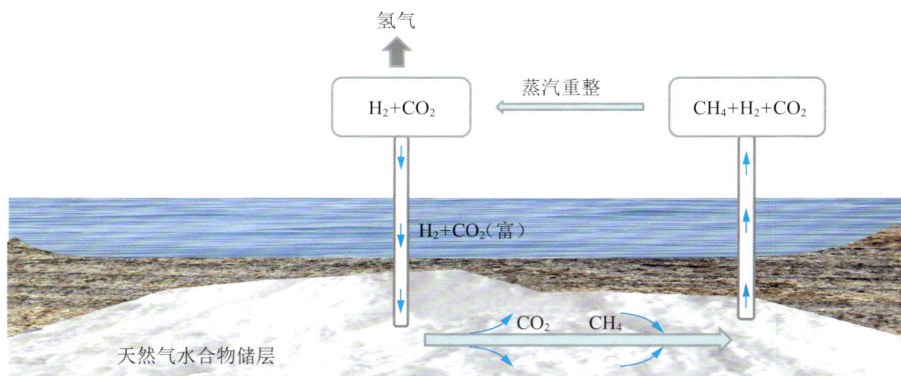

图 5-41 注混合气耦合其他技术开发天然气水合物技术路线图

（3）CO₂ 封存率高，能够保持地层稳定；

（4）保压连续注采能够显著提高产出气水比、开采效率和安全性；

（5）相比于 CH₄-N₂ 分离，CO₂-H₂ 分离技术相对成熟，从而可降低后续分离成本；

（6）含甲烷水蒸气重整后产物压力一般为 2～7 MPa，可降低气体压缩成本；

（7）气体运输成本小；

（8）H₂ 在水合物中的扩散系数远高于 N₂。

所用实验装置与前述实验装置相同，实验步骤与间歇注采过程相似，具体如下：

（1）合成甲烷水合物沉积层样品。15 540 g 石英砂和 2 103 g 盐水低温混合均匀后填充至反应器中，其中沉积物采用 20～40 目石英砂，初始孔隙度为 48%～49%。初始充甲烷气至反应器中压力为 8.6 MPa，待反应器中压力不再降低且稳定超过 12 h 后，认为水合物样品制备完成。水合物饱和度在 22%～25% 之间。

（2）循环注采过程：包括数轮注采。单次注采可以分为 3 个阶段，即排（注）气阶段、吹扫阶段和置换阶段。排（注）气过程是将上一轮反应器中的压力重新恢复到原始储层压力。在吹扫阶段，首先打开注入系统和生产系统，双竖直井分布如图 5-18 所示，注气速率控制为 30 SLM（约 400 mL/s）。当注气量达到预设值时，关闭注入系统和生产系统，吹扫结束。吹扫的目的主要是驱替储层中高 CH₄ 摩尔分数气体，以降低储层气相中的 CH₄ 分压，加速甲烷水合物分解。在置换阶段，储层中气相组成和压力不断变化，表明存在 CO₂-CH₄ 置换反应。该阶段沉积物孔隙中的气相组成由气相色谱（Agilent 7890B）分析得到，取气间隔根据组成变化速率而定。当 CH₄ 摩尔分数不再增长时，认为置换过程结束，开始进行下一轮注采。

（3）实验停止的判断依据是单轮注采甲烷水合物分解率小于 10%。实验停止后，将水浴温度调整至 16 ℃。压力平衡（水合物完全分解）超过 48 h 后，测定反应器中气体组成。

在循环注采模式开采甲烷水合物过程中，假定经过蒸汽重整反应和水煤气变换反应 $[CH_4 + H_2O \rightleftharpoons CO + 3H_2, \Delta H(298\ K) = 210\ kJ/mol; CO + H_2O \rightleftharpoons CO_2 + H_2, \Delta H(298\ K) = -41\ kJ/mol]$ 后，1 mol CH₄ 和 2 mol H₂O 能够完全转化为 4 mol H₂ 和 1 mol CO₂。其中，研究者提出了 H₂ 回收系数（η_{H_2}），其含义是开采过程中作为产品产出的 H₂ 物质的量（n_{R,H_2}）与重整产出的 H₂ 总物质的量（n_{p,H_2}，不包括产出气中原有的 H₂）的比值，即

$$\eta_{H_2} = \frac{n_{R,H_2}}{n_{p,H_2}} \tag{5-1}$$

物理模拟实验发现，当 η_{H_2} 确定时，注入气中 CO₂ 的组成将不断升高，以 $\eta_{H_2} = 0.5$ 为例，4 次注入气组成（$V_{CO_2}:V_{H_2}$）分别为 22:78，46:54，68:32，77:23，4 轮注入量分别为 4.9 mol，5.2 mol，6.6 mol 和 5.8 mol。

实验结果表明，除第 4 轮注采外，水合物分解率呈现阶梯式上升，如图 5-42 所示。第 4 轮注气后水合物分解率少量提高，最终达到约 60%。值得注意的是，首次注入高 CO₂ 摩尔分数气体（>56%）不仅能够促使甲烷水合物快速分解，还有利于提高产出气中 CH₄

摩尔分数；然而，在下一轮注采中，水合物分解速率会急剧下降。注入高摩尔分数 CO_2 气体意味着水合物开采的结束，主要原因是 CO_2 水合物大量生成将严重阻碍气体传质过程，从而导致后续甲烷水合物分解效率降低。在该过程中，决定回注气体摩尔分数的参数是 H_2 回收系数。为了提高 CH_4 的采收率和采收效率，应尽量避免在前期注入高摩尔分数 CO_2 气体，即应适当调低 H_2 回收系数；水合物开采后期可以逐渐加大 H_2 回收系数，以达到封存 CO_2、修复储层的效果。

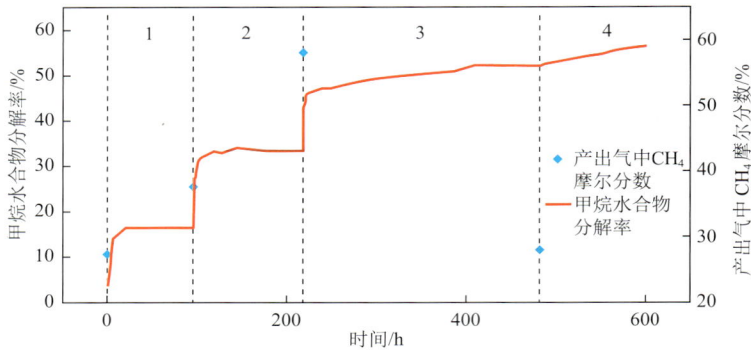

图 5-42　循环注采过程中水合物分解率和产出气中 CH_4 摩尔分数随时间的变化

1~4 为注采轮次

　　此外，4 轮注采后产出气中 CH_4 摩尔分数分别为 27.3%、37.6%、58.1%、28.0%，累积 CH_4 摩尔分数为 38.6%。其中，第 3 轮 CH_4 摩尔分数 58.1% 是所有半连续注采实验中单轮产出气中 CH_4 摩尔分数的最大值，累积值 38.6% 是所有半连续注采实验中累积产出气 CH_4 摩尔分数的最大值。

　　置换开采过程中的另一项重要指标是 CO_2 的封存效果。如图 5-43 所示，从 CO_2 封存率来看，在前两轮中，CO_2 封存率仅达到 10%，表明该过程中 CO_2 很难参与形成水合

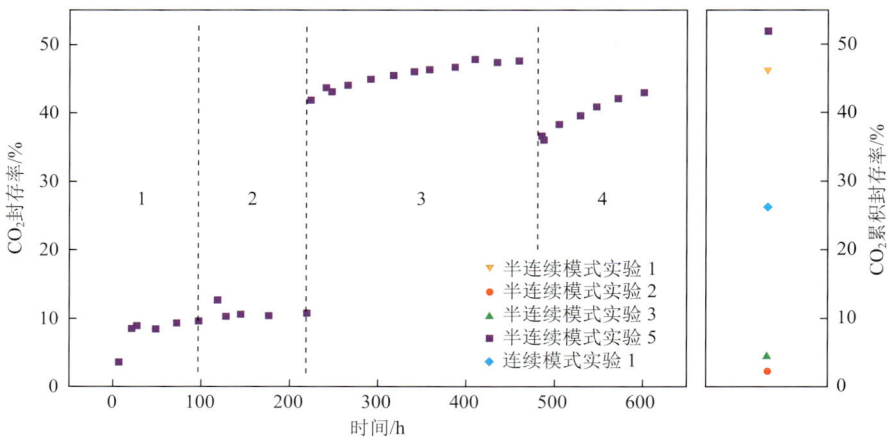

图 5-43　CO_2 封存率的变化（左）及与不同注采模式 CO_2 累积封存率对比（右）

物;在第 3 轮的前 2 h,CO_2 封存率迅速上升至 42%,且在接下来的 230 h 内逐渐增长至 48%;同样,在第 4 轮的前 2 h,CO_2 的封存率上升至 37% 并在结束时达到 43%。比较 CO_2 累积封存率(包括连续注采和半连续注采实验结果)可以发现,当注入气 CO_2 摩尔分数小于 40% 时,沉积层气相中 CO_2 的分压小于 1.44 MPa,难以形成 CO_2 水合物,最终 CO_2 封存率低于 4%;而当注入气中 CO_2 的摩尔分数为 74% 时,CO_2 封存率达到 46% (恒组分半连续注采过程)和 26%(恒组分连续注采过程)。循环注采模式中累积 CO_2 封存率最高,达到 52%,这表明通过循环注采模式能够在保障高 CH_4 采收率的基础上显著提高 CO_2 封存率。这主要得益于两个方面:① 前期注入低摩尔分数 CO_2 气体有利于甲烷水合物的分解,同时可避免前期 CO_2 水合物形成后的负面影响,大量的分解水能够在后续过程中形成更多的 CO_2 水合物;② 循环过程中 CO_2 被反复注入储层,利用率更高。

此外,实验结果表明 CO_2 封存过程同样存在快速封存阶段,这进一步证明了仅保留水合物快速分解过程的可行性。在注气后前 2 h 内,沉积物孔隙中 CO_2 分压较高,CO_2 迅速结合甲烷水合物分解产生的水或游离水形成 CO_2 水合物。随着气相中 CO_2 分压的不断降低,CO_2 封存速率逐渐降低;同时,CO_2 水合物的累积和游离水的减少也制约了 CO_2 的封存,进而导致第 4 轮中 CO_2 封存能力有所下降。

综合来说,循环注采模式大幅度提高了 CO_2 封存效率(达到 50% 以上),同时 CH_4 采收率达到 71%。循环注采过程是一种先刺激水合物分解,后进行储层修复的开采过程,因此循环注采过程中的另一个问题是:前期注入低 CO_2 摩尔分数气体,引发水合物快速分解,同样会引起沉积层发生形变。水合物开发过程中,改变注入气组成不能仅考虑 CH_4 采收率,还需要综合考虑沉积层破坏问题。

根据注采比和 CH_4 采收率之间的关系,对水合物注采方案进行了进一步优化。图 5-44 给出了不同注采模式下注采比随 CH_4 采收率的变化趋势。在连续注采过程中,选取注入气组成差别较大的两组实验,注入速率为 40 mL/s。可以看到,注采比均随 CH_4 采收率的增加而增加;当 CH_4 采收率达到一定值后,注采比快速增大,表明继续进行连续注采气体利用率很低,大量注入气损失且大量能源被浪费。通过降低注入气中 CO_2 的摩尔分数能够在一定程度上降低注采比,但开采后期效果也不理想。在半连续注采模式下,各组注采比变化出现了明显的差异。开采初始阶段,采用较低的气体注入速率有利于降低注采比,因此半连续注采吹扫阶段(400 mL/s)注采比较大。此外,当注入气中 CO_2 的摩尔分数较大时,注采比随 CH_4 采收率的升高而增大;当注入气中 CO_2 的摩尔分数较低时,注采比在开采过程中出现了下降的趋势,注采比最小值为 1.7。上述结果表明,采用半连续注采模式能够显著降低注采比,降低注采成本。在此基础上,采用低 CO_2 摩尔分数的注入气也能够显著降低注采比;减小注采间隔会导致注采比增大,但影响相对较小。在循环注采模式下,即便采用高 CO_2 摩尔分数的注入气,注采比依然维持在相对较低的水平(2.0~2.5)。

水合物开采前期,注采比的主要控制因素是气体注入速率,而受气体组成和注采模式的影响较小。在该阶段,采用连续注采模式开采效率更高,因此应该采用低气体注入速率连续注采;随着 CH_4 采收率的不断提高,连续注采模式的缺陷开始显现,此时应更换为半连续注采模式。整个注采过程中,逐渐增大注入气中 CO_2 的摩尔分数不但能修复甲烷水合物分解的储层结构,还能提高 CO_2 的封存率。该技术仍有需要进一步研究和优化的问题,例如如何提高注入气扩散速率,进一步考察循环注采模式中的 H_2 回收系数和注采频率等。

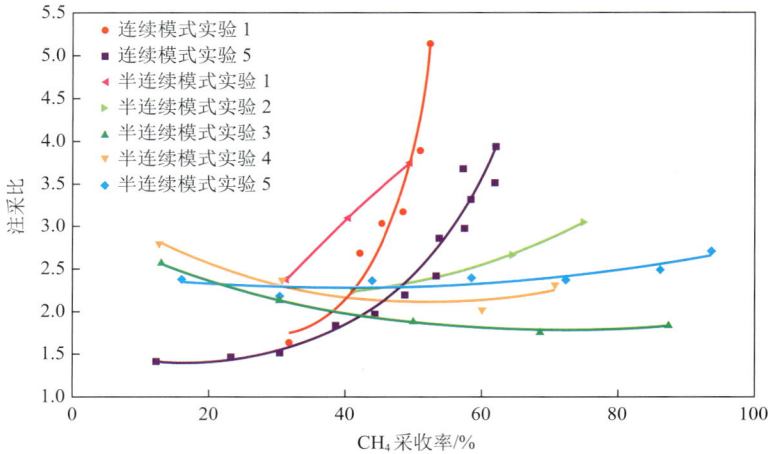

图 5-44　注采比与 CH_4 采收率的关系

5.7　连续注气结合降压开采技术

大量实验室数据表明,常规降压开采过程受传热速率控制,导致后期产气效率严重降低。不同水合物沉积层赋存环境条件下降压开采 100 min 时的 CH_4 采收率和产水量如图 5-45 所示。由图可以看出,实验 1~3 的 CH_4 采收率低于 15%,且产气过程主要集中在前 10 min,后 90 min 气体产出量很低。这是由于上覆层渗透率高,上覆水体突破上覆层后,致使水合物储层压力难以降至开采压力,同时导致产水量很大。实验过程中,储层压力最低降到 3.70 MPa(5 ℃ 对应相平衡压力为 4.25 MPa),且储层温度受水合物分解影响而降低,导致水合物分解推动力很小,产出气量低。相比而言,在低渗透上覆层或封闭体系中,CH_4 采收率达到 75% 以上,且产水量相对较低,其中封闭体系产气量最高,而产水量仅为 265 g,是最理想的降压开采体系。

由此可见,常规降压法开采上覆层高渗透水合物藏时产水量大、气水比小,开采效率很低,没有实际应用价值;而对于封闭体系或上覆层低渗透水合物藏,能够实现降压开采,但依然面临开采后期产气速率严重下降(受传热速率控制)的问题。为此,研究者进行了连续注气开采水合物和注气结合降压的联合法开采水合物的实验模拟,并发现连续注气开采模式能够大幅度抑制水、沉积物运移,显著降低产水,规避砂堵;降压过程能够强化注入气体传质,扩大气相区,进而提高置换效率。

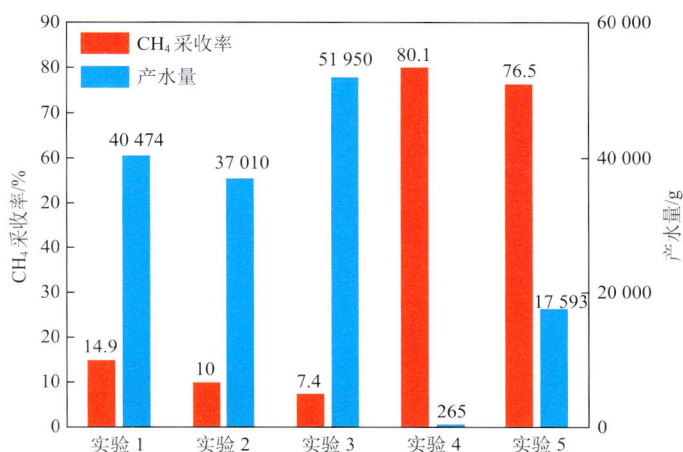

图 5-45　CH_4 采收率和产水量对比

实验 1~3 为上覆层高渗透储层,实验 4 为封闭水合物储层,实验 5 为上覆层低渗透储层

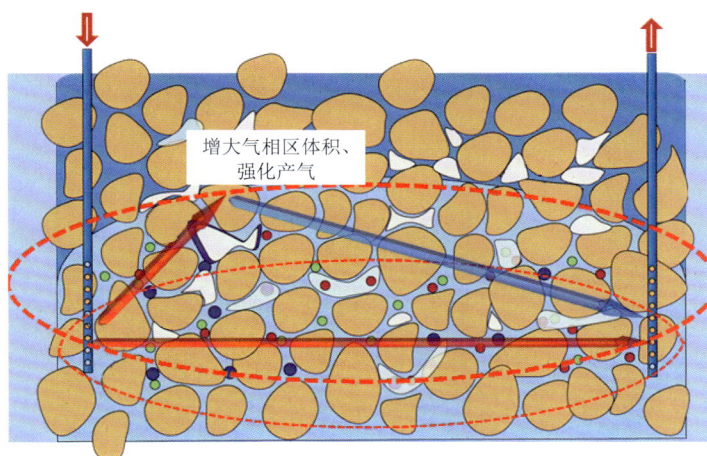

图 5-46　注气开采天然气水合物示意图

如图 5-46 所示,希望通过保持储层压力注入含 CO_2 混合气的方式驱替孔隙水,降低孔隙中 CH_4 分压,以促使甲烷水合物分解;同时,CO_2 和分解水或储层初始游离水结合形成 CO_2 水合物,达到稳固沉积层的目的。实验过程中发现,保压注气开采水合物时整个开采过程产水量很低,这意味着沉积物孔隙中依然含有大量孔隙水,导致 CH_4 采收率难以提高。为此,在高含水饱和度水合物沉积物中,通过短时间降低采出井压力在沉积层中建立压力梯度,强化气体传质过程,进而达到更好的驱替效果。

本系列实验所用装置、甲烷水合物样品合成步骤与前述相同,水合物样品性质见表5-6。

表 5-6 水合物样品性质及开采过程参数控制

实 验	1	2	3	4	5	6
石英砂目数/目	20~40	20~40	20~40	20~40	20~40	20~40
上覆水体积/L	—	16	—	16	—	16
平均温度[①]/℃	3.05	3.01	3.03	2.97	3.08	3.04
压力[②]/MPa	3.70	3.79	3.73	3.37	3.79	3.80
水合物饱和度/%	23.1	23.4	22.8	24.5	22.1	22.2
水饱和度/%	22.8	68.5	23.1	66.9	23.7	70.4
气饱和度/%	54.1	8.1	54.1	8.6	54.2	7.4
开采方法[③]	DP	DP	PRGI	PRGI	DP+PRGI	DP+PRGI
注气速率/SLM			3.0	3.0	3.0	3.0
注入气组成($V_{CO_2}:V_{H_2}$)	—	—	56:44	56:44	56:44	56:44
开采压力[④]/MPa	2.0	2.0	3.6	3.6	3.6^d	3.6^d

注:① 初始温度取水合物样品制备完成后反应器内 54 个温度测量点(T1~T54)的平均值;

② 初始压力取水合物样品制备完成后压力测量点 P3 和 P4 的平均压力值;

③ DP 表示降压开采,PRGI 表示保压注气开采,DP+PRGI 表示弱降压后注气开采;

④ 降压过程开采压力为 2 MPa,注气过程开采压力重新调整至储层压力 3.6 MPa。

样品制备完成后,开始进行甲烷水合物开采过程模拟。实验 1 和 2 进行常规降压开采,开采压力为 2.0 MPa。

实验 3 和 4 采用保压连续注采模式开采甲烷水合物。开采压力为 3.6 MPa(与水合物样品压力相同);注入系统中减压阀压力调整至 3.65 MPa(通常略高于水合物样品压力,以便调节注入速率)。之后同时打开注入系统和生产系统,通过调节微调阀,将注入速率控制在 3 SLM(约 40 mL/s)。该过程中,不断测定反应器中(由反应器顶部中心位置取气)、开采管路和收集罐中的气体组成。当生产井中 CH_4 摩尔分数小于 5% 时,认为开采效率已经很低,随即关闭注入系统和生产系统,注采过程结束。

实验 5 和 6 采用注含 CO_2 混合气结合降压法开采甲烷水合物,即在注气前加入了一个单独的降压环节。在打开注入系统前,将生产系统背压阀调至 2.0 MPa,打开阀门至沉积层压力降至开采压力后,关闭系统。之后,将生产系统背压阀调至 3.6 MPa,并开始进行连续注采过程,与上述过程相同。

与前期的连续注采过程相比,联合法有效气相空间扩大了 2.1 倍,产气率提高了 3 倍;与常规降压法相比,气水比提高了上百倍,产气率提高了 4 倍多,如图 5-47 所示。其主要原因是注入气体在沉积物孔隙中抑制了上覆水体的下渗,在储层中形成了局部的高气相饱和度区域。

在 CH_4 采收率相同时,上覆层高渗透储层开采过程中对应的 CH_4 摩尔分数明显较低,这也是由于储层中形成的局部气相空间小,注入气波及区域受限于两井之间狭窄的气体通道,向边缘区域扩散受孔隙水阻碍,难以影响其他区域水合物发生分解。气体波

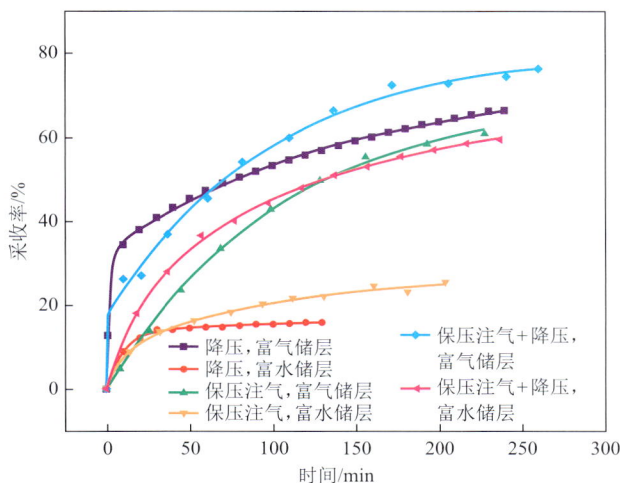

图 5-47　CH₄ 采收率变化曲线

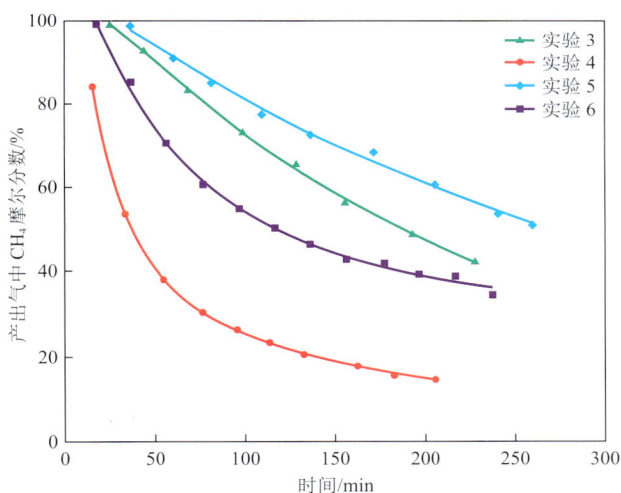

图 5-48　累积产出气中 CH₄ 摩尔分数随时间的变化

及区域的水合物分解完全后,CH₄ 产出速率急速下降,产出气中 CH₄ 摩尔分数也会随之降低。如图 5-48 所示,加入降压操作后,在注入井和储层之间建立了压力梯度,提高了后续注气过程中注入气在储层中的扩散速率,扩大了气相空间,进而显著提高了产出气中的 CH₄ 摩尔分数,并降低后续的气体分离成本。

如图 5-49 所示,通过结合降压,能够显著降低注采过程中的注采比,从而降低原料气的消耗量和注入成本。在前期工作中发现,可以通过注采比变化将连续注采和半连续注采模式相结合,即水合物开采前期采用连续注采模式,而后在注采比快速升高阶段更换为半连续注采模式。也就是说,在不同赋存状态的水合物开采后期仍需要采用半连续注采模式,但联合法开采能够将调整注入模式时的 CH_4 采收率提高,意味着开采过程整体效率得到了提高。

需要注意的是,降压过程会伴随少量水合物分解,可能引发沉积层局部结构失稳,因此需要在地层结构发生破坏前进行气体保压回注,完成后续开采和储层修复过程。

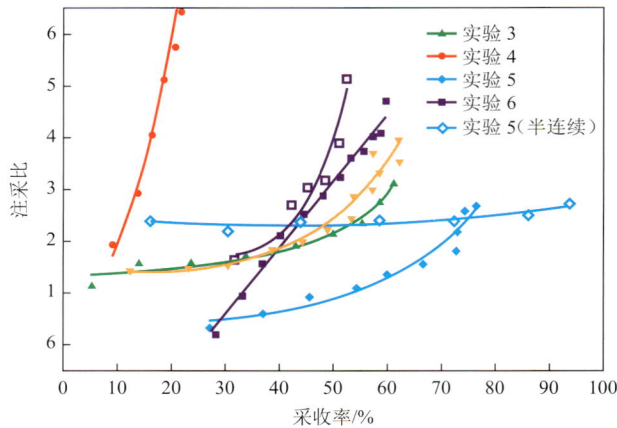

图 5-49　注采比与 CH_4 采收率的关系变化

5.8　注气开采数值模拟软件开发及应用

鉴于实验研究的局限性,水合物开采数值模拟研究成为一种必不可少的手段。研究者通过在原有研究成果上进行二次开发,实现了注氮气开采水合物数值模拟,并在此基础上进一步实现了注含 CO_2 混合气开采水合物数值模拟,可以更好地用于大尺度的 CO_2 置换法开采天然气水合物研究。

利用研制的软件对南海神狐海域 SH2 站位进行数值模拟开采,建立水平井单井开采水合物藏分层地质二维模型($x=50$ m,$y=1$ m,$z=80$ m),如图 5-50 所示。主要考察注氮气开采过程中储层水合物饱和度 S_H、甲烷饱和度 S_{CH_4}、氮气饱和度 S_{N_2} 的时空分布规律以及产气规律,对比注氮气-降压联合开采和单井降压开采的效果。累积产气曲线及各饱和度分布规律如图 5-51～图 5-54 所示。

模拟结果表明,从开采 40 d 注入井开始注入氮气,到开采 65 d 时生产井开始有氮气产出,注氮气-降压联合开采天然气水合物相比于单纯降压开采产气量大幅提升,主要原因是高温氮气带入大量热量,同时降低 CH_4 分压,促使甲烷水合物大量分解,并且有氮气从生产井产出。从水合物饱和度的时空分布图(图 5-52)可以看出,随着氮气的注入,注入井周甲烷水合物迅速分解,并且分解前沿不断向前推进,高温氮气逐渐刺穿水合物层开始对 CH_4 进行吹扫。同时可以看到,由于大量的甲烷水合物发生分解,导致大量游离态 CH_4 驻留在储层中,并向上下盖层逸散。

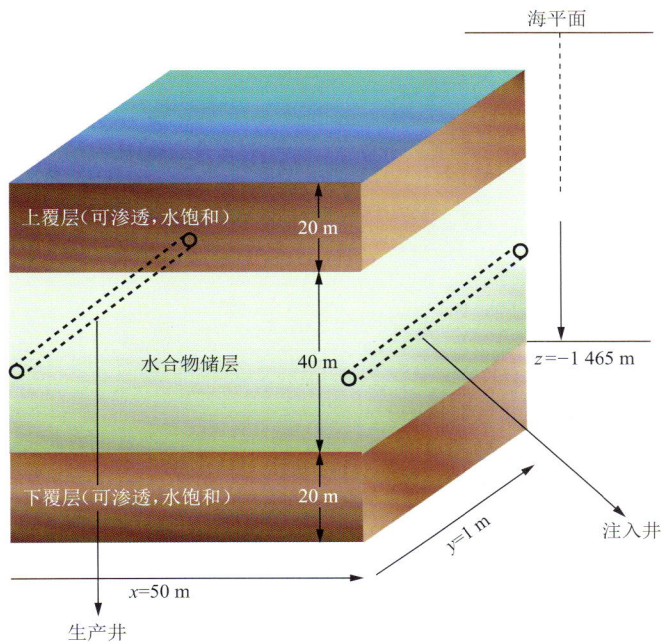

图 5-50　神狐海域 SH2 站位注氮气结合降压开采数值模拟

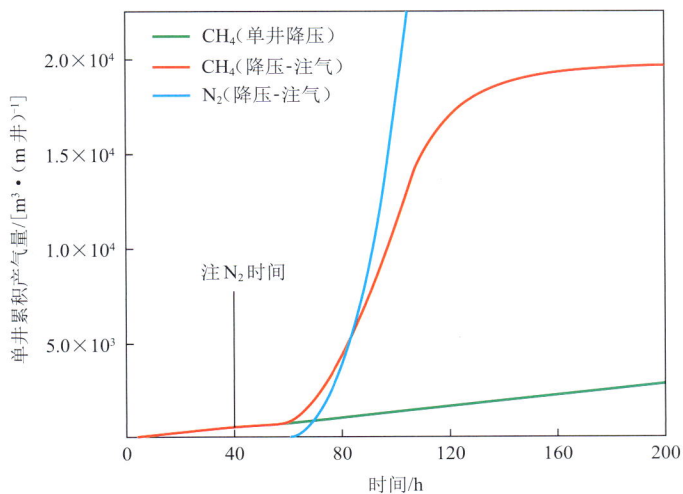

图 5-51　注氮气开采甲烷水合物累积产气曲线

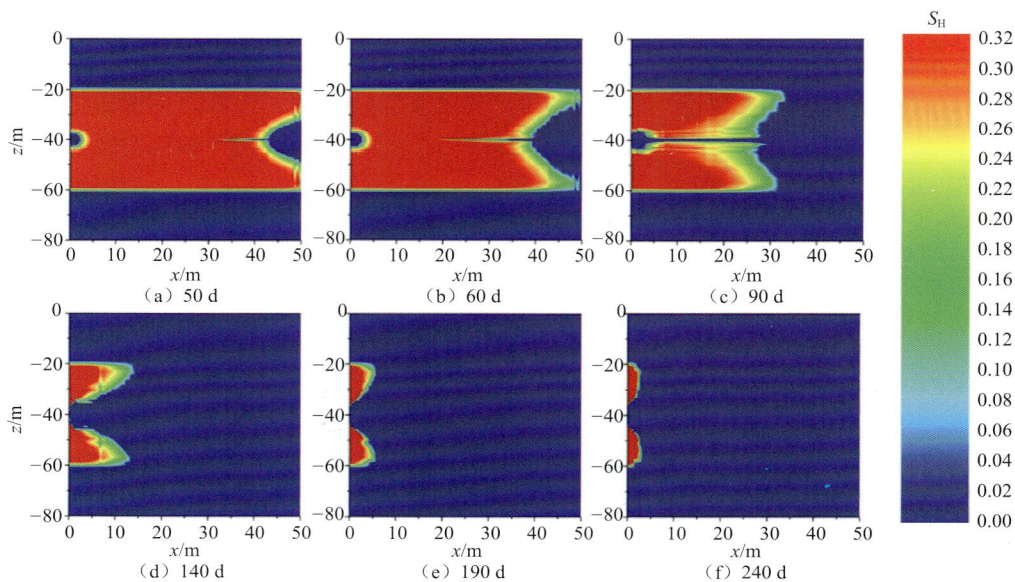

图 5-52　注氮气开采甲烷水合物水合物饱和度时空分布图

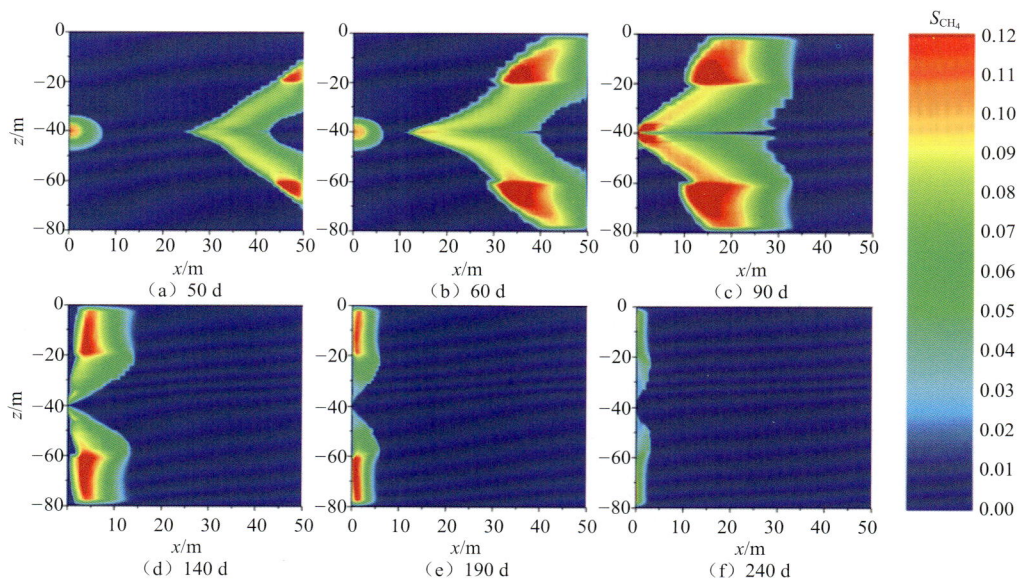

图 5-53　注氮气开采甲烷水合物 CH₄ 饱和度时空分布图

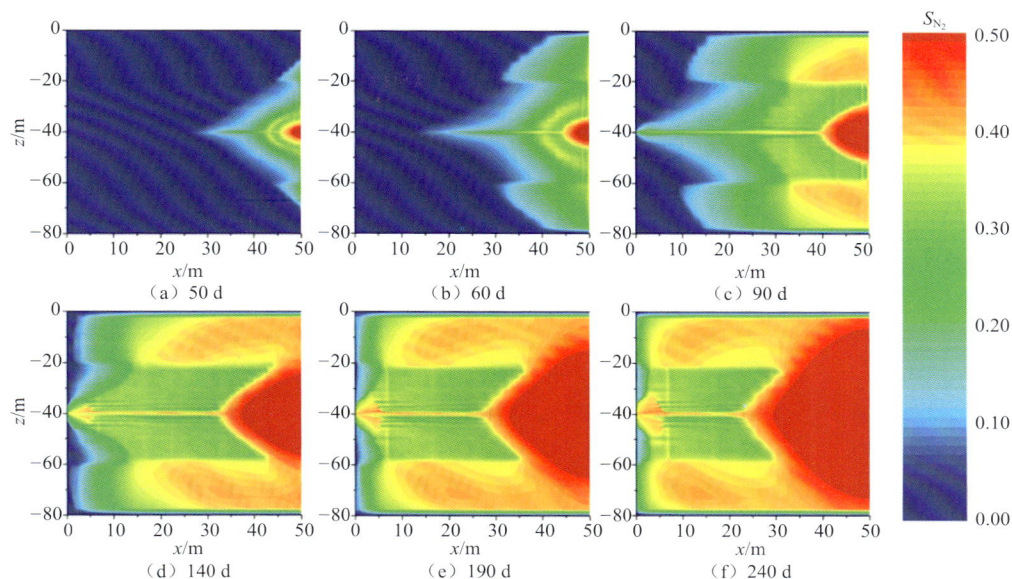

图 5-54　注氮气开采甲烷水合物 N_2 饱和度时空分布图

利用研制的软件对祁连山木里盆地 DK-2 站位进行数值模拟开采,采用双水平井注气-降压联合开采模式,建立水平井开采水合物藏分层地质二维模型($x=50$ m,$y=1$ m,$z=100$ m)。水合物埋深取 235.3 m,水合物储层厚度取 56 m,上覆、下伏层厚度取 22 m,概化模型如图 5-55 所示。在 CO_2-N_2 混合气开采甲烷水合物数值模拟研究中,开采过程中各组分、温度、压力等参数的时空分布规律如图 5-56～图 5-65 所示。

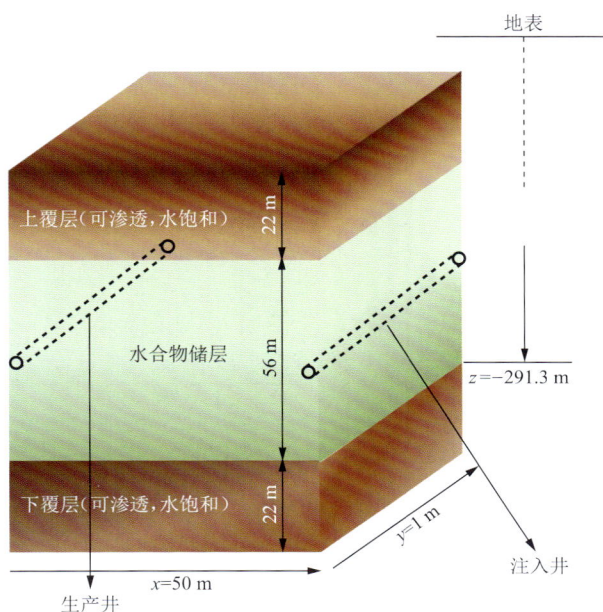

图 5-55　注 CO_2-N_2 开采甲烷水合物数值模拟

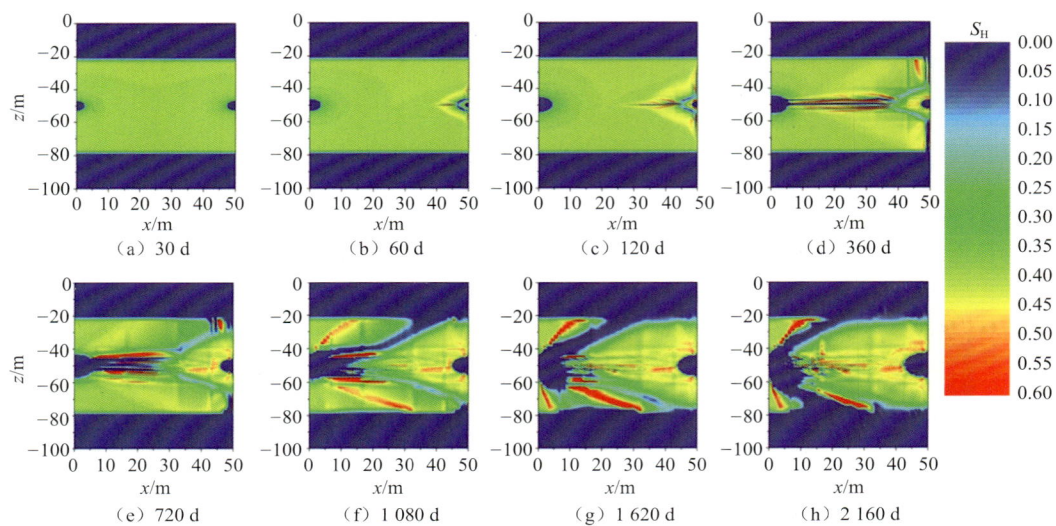

图 5-56　注 CO₂-N₂ 置换开采过程中水合物相饱和度时空分布

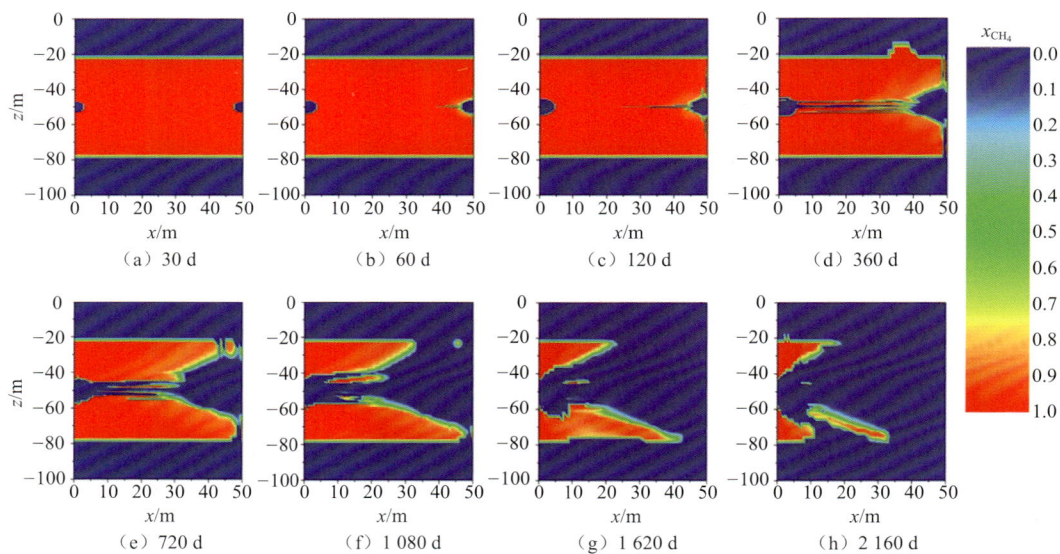

图 5-57　注 CO₂-N₂ 置换开采过程中水合物相 CH₄ 摩尔分数时空分布

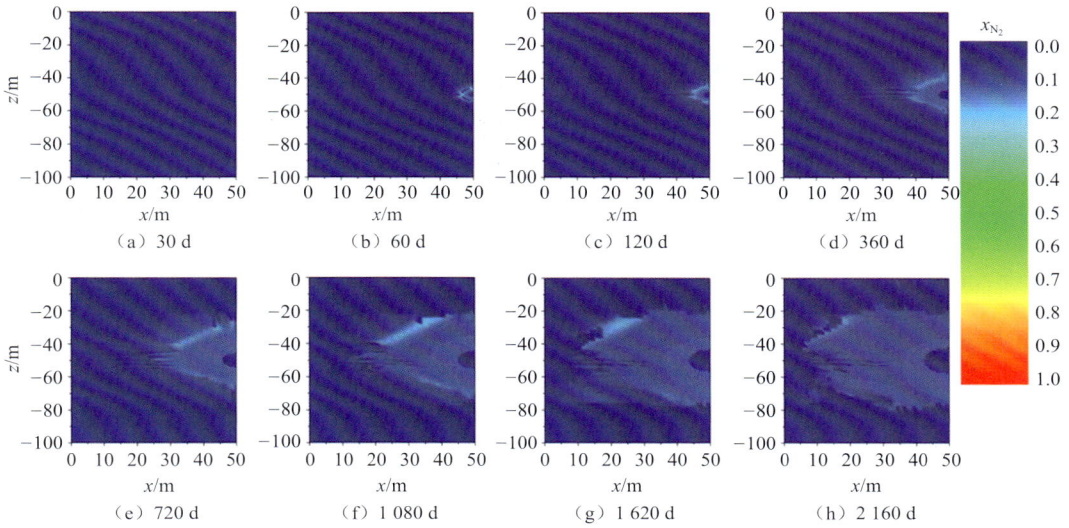

图 5-58　注 CO₂-N₂ 置换开采过程中水合物相 N_2 摩尔分数时空分布图

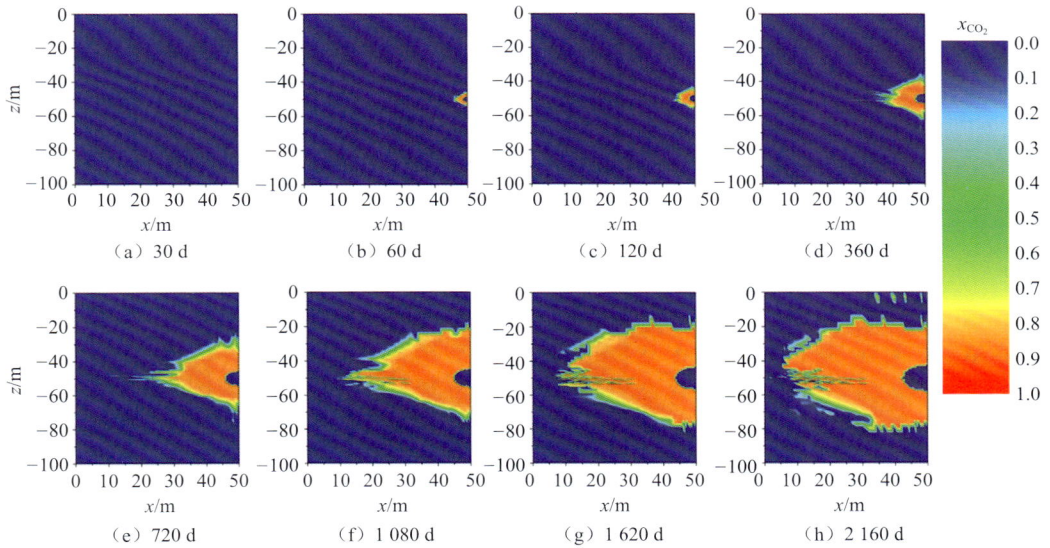

图 5-59　注 CO₂-N₂ 置换开采过程中水合物相 CO_2 摩尔分数时空分布图

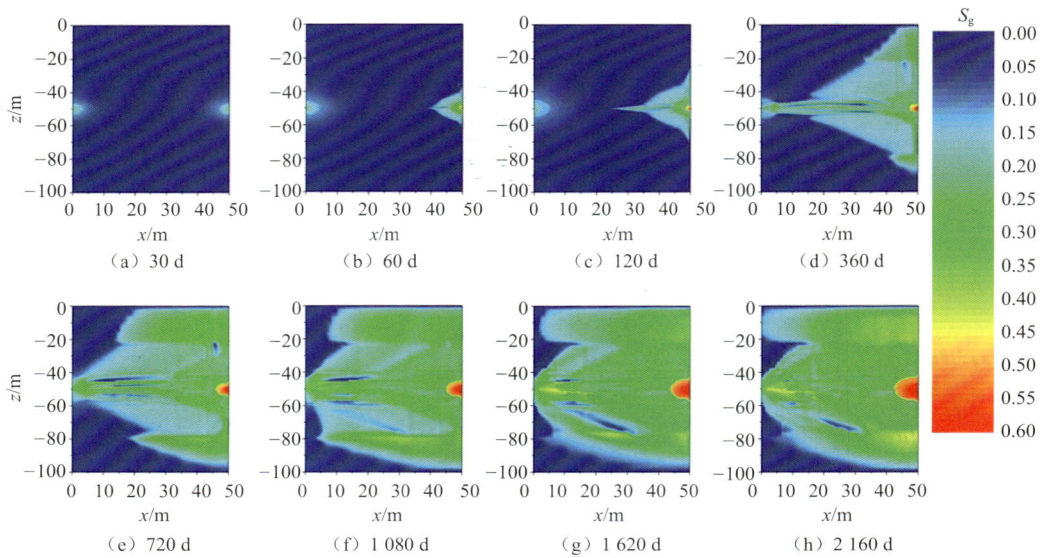

图 5-60　注 CO_2-N_2 置换开采过程中气相饱和度时空分布图

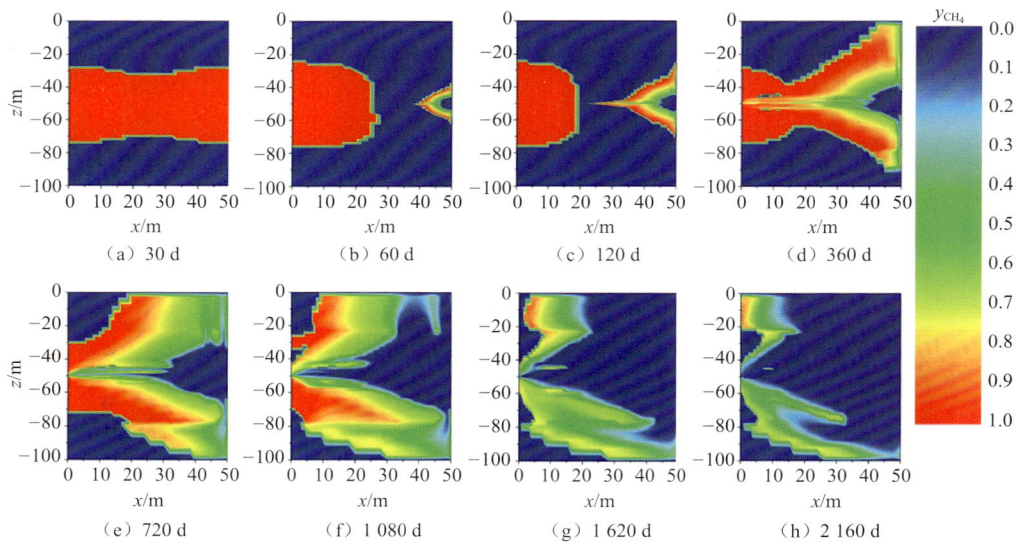

图 5-61　注 CO_2-N_2 置换开采过程中气相 CH_4 摩尔分数时空分布图

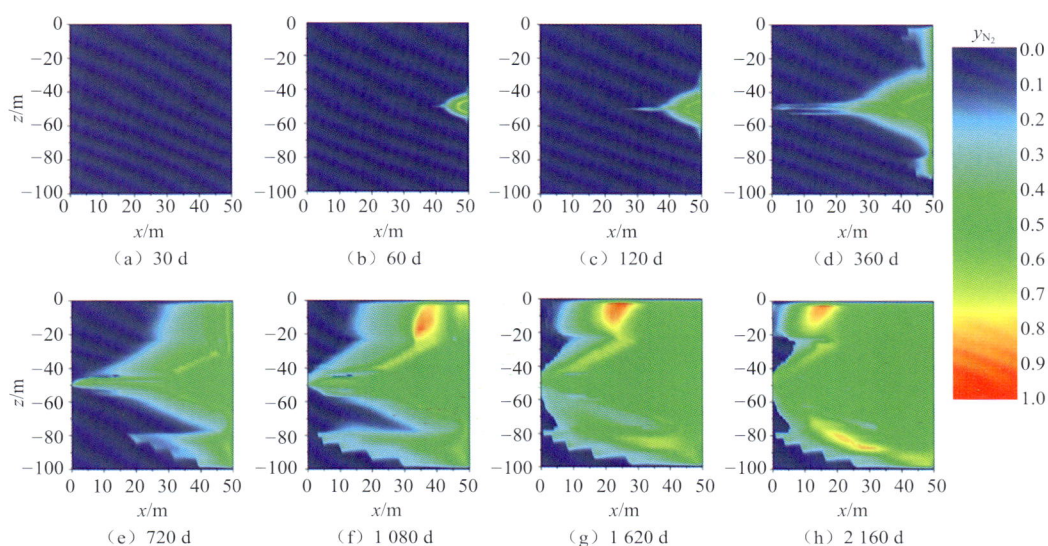

图 5-62 注 CO₂-N₂ 置换开采过程中气相 N₂ 摩尔分数时空分布图

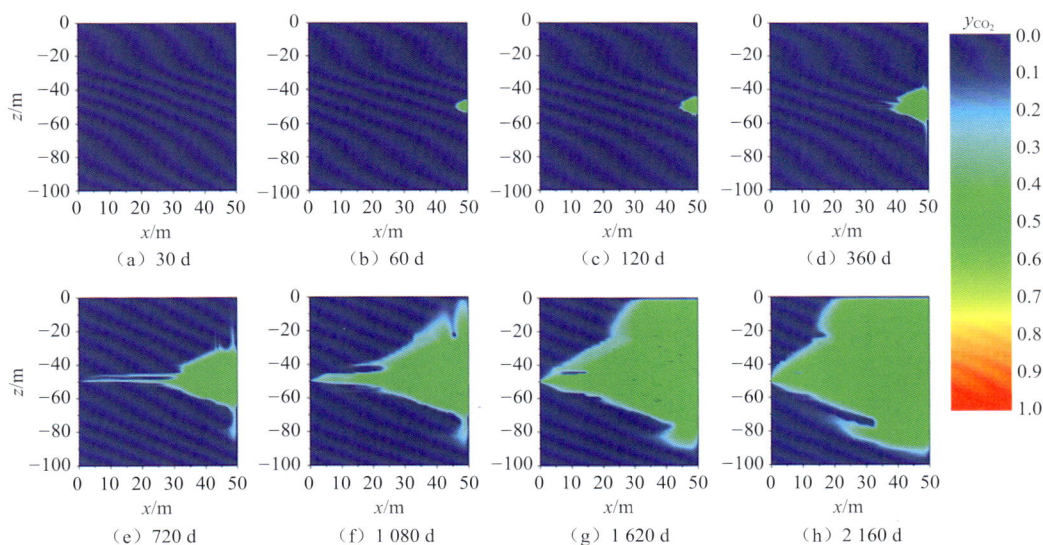

图 5-63 注 CO₂-N₂ 置换开采过程中气相 CO₂ 摩尔分数时空分布图

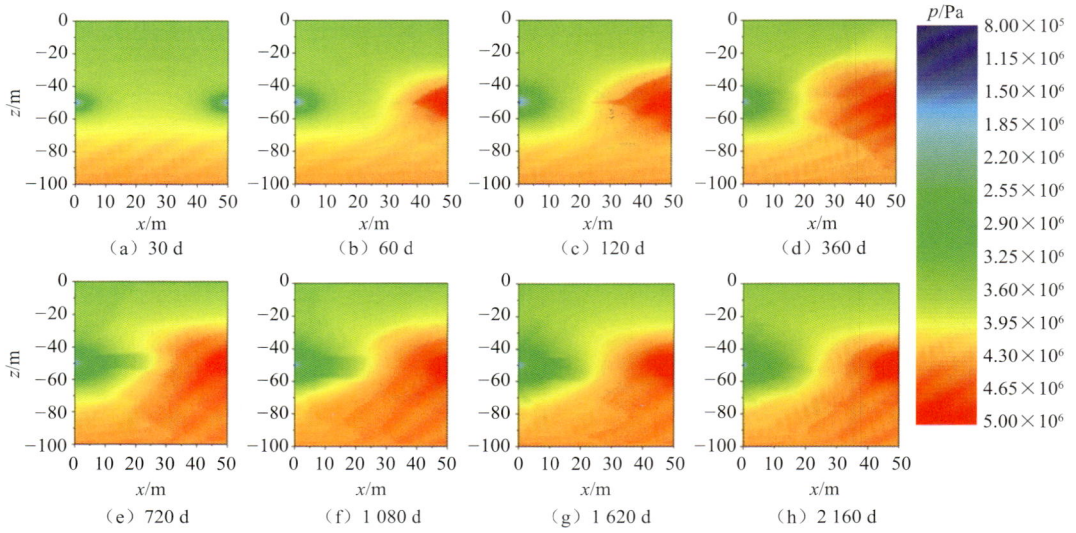

图 5-64 注 CO_2-N_2 置换开采过程中压力时空分布图

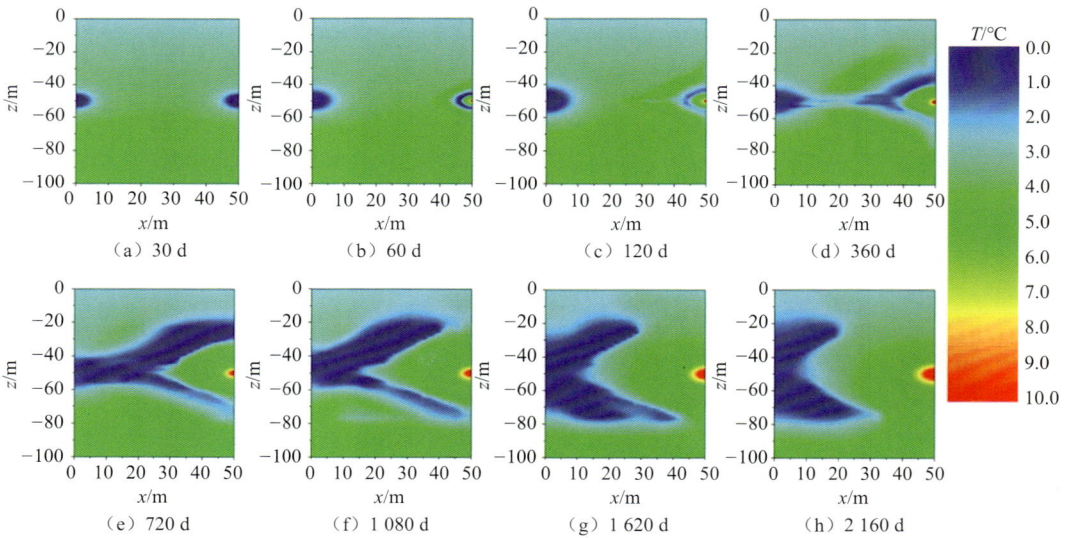

图 5-65 注 CO_2-N_2 置换开采过程中温度时空分布图

当以 1:1（体积比）注入混合气开采时，注入的混合气先与水结合生成水合物，造成 N$_2$ 和 CO$_2$ 的含量分布差异。随着气体向生产井传递，前面的 N$_2$ 会引起波及区域的水合物少量分解，使部分 CH$_4$ 从水合物中释放出来，随后到达的混合气中 CO$_2$ 逐渐恢复到注入时的摩尔分数，进行气体置换，释放出剩余的 CH$_4$，再次使局部 N$_2$ 摩尔分数暂时升高，水合物饱和度明显下降，温度降低，随后气相组成慢慢恢复，水合物饱和度又上升。如此循环交替在时间和空间上向前推进，完成整个储层的置换开采。随着开采过程的进行，N$_2$ 穿透水合物储层到达生产井，气相整体由注入井向生产井推移。

在开采过程中，由注入井向生产井运移的气体前沿主要是 CH$_4$，其中部分是在开采初期降压分解产生的，还有一部分是由于 N$_2$ 的强化降压作用分解出的 CH$_4$，在压力传递的协同作用下，甲烷水合物的饱和度有所提高，放热使区域温度升高；中间部分主要是 CH$_4$ 和 N$_2$ 的混合气，N$_2$ 摩尔分数最高的区域是发生气体置换的区域，以 CO$_2$ 为主的水合物区域内部为 CO$_2$ 和 N$_2$ 的混合气。

气体注入的同时使地层的压力和温度升高，热量的传递速率比压力要慢得多。在开采过程中，水合物饱和度整体呈下降趋势，水合物分解区温度降低，注入气由注入井向生产井移动，当 CO$_2$ 运移至水合物分解区时再次生成水合物，地层温度回升。在开采后期，由于注入气带入的热量加热地层，注入井周温度较高的范围不断扩大，使生成的 CO$_2$-N$_2$ 水合物再次分解。

相对于传统开采方法，注混合气开采水合物过程中各相各组分的转化迁移过程有着明显差异。在 SH2 站位地层条件和注气比条件下，注气开采能够大幅提升储层 CH$_4$ 的释放速率，由于注 CO$_2$-N$_2$ 混合气开采是强化甲烷水合物分解、气体置换、CO$_2$ 封存的协同过程，所以水合物储层中 CH$_4$ 的释放速率滞后于单纯注氮气吹扫开采。就 CH$_4$ 累积产量而言，注混合气开采相比双井降压开采可以大幅度提升产气效率，如图 5-66 和图 5-67 所示。与注纯氮气吹扫开采相比，混合气中的氮气可同时起到强化甲烷水合物分解和进入水合物小孔而提高置换效率的作用。

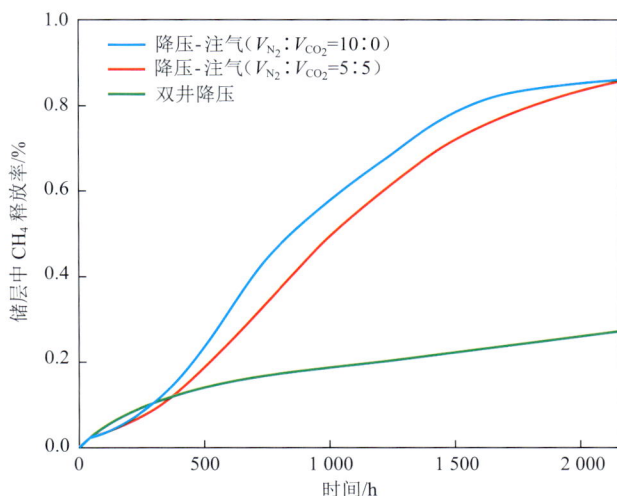

图 5-66　不同生产条件下储层中 CH$_4$ 释放率随时间的变化

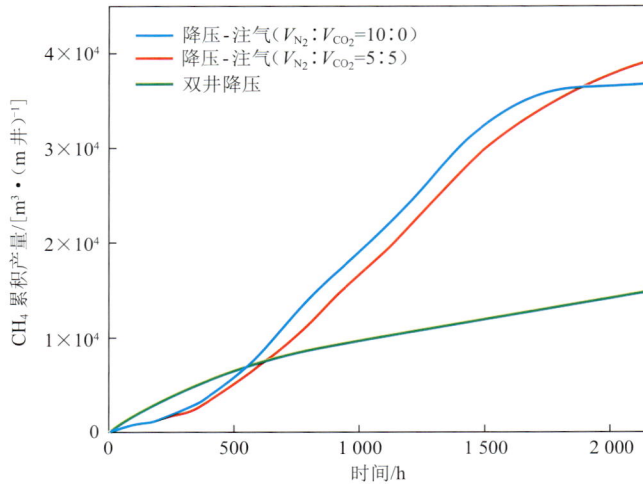

图 5-67　不同生产条件下 CH_4 累积产量随时间的变化

　　如图 5-68 所示，在开采初期，CO_2 的封存率快速上升，结合时空演化规律可知，这是由于初期注入的混合气主要在降压 40 d 内形成的无水合物区（注入井的近井区）形成了水合物，消耗了大部分的 CO_2，还有一定数量的 CO_2 溶解在水中，这也是造成 CO_2 和 N_2 迁移不同步的原因。随着注入井近井区水合物的饱和度逐渐增加，注入的主要 CO_2 封存区域距离注入井越来越远，在传递迁移的过程中，大量的 CO_2 迁移至上覆、下伏层区域而无法形成水合物，封存率逐渐由上升转为下降。另外，在开采末期，由于注入气体带入的显热的波及范围越来越远，初期 CO_2 形成的水合物再次分解。

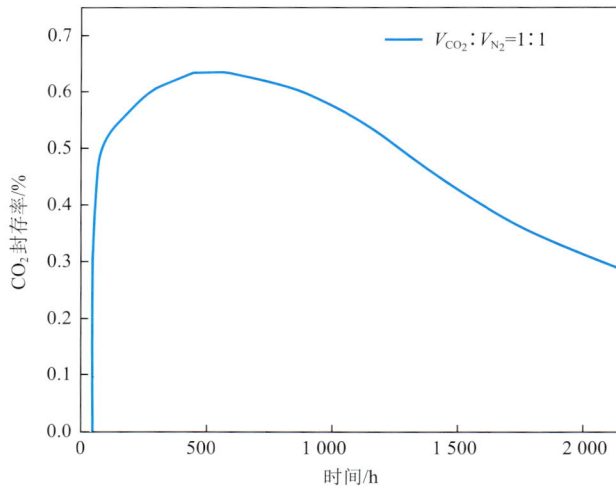

图 5-68　CO_2 封存率随时间的变化

此外，如图 5-69～图 5-72 所示，对比注混合气开采数值模拟结果与传统的降压模拟结果可以发现，只有当 CO_2 摩尔分数小于 70％时，注气开采才比降压开采具有优势，这主要是由于 CO_2 水合物的大量生成会堵塞孔道，降低传质速率；当 CO_2 摩尔分数小于 50％时，不同的注入气组成开采效率接近，这与物理实验结果一致。相反，提高 CO_2 摩尔分数能够有效提高产出气中 CH_4 的摩尔分数，从而降低后续分离成本，但同时也会降低产出气水比。

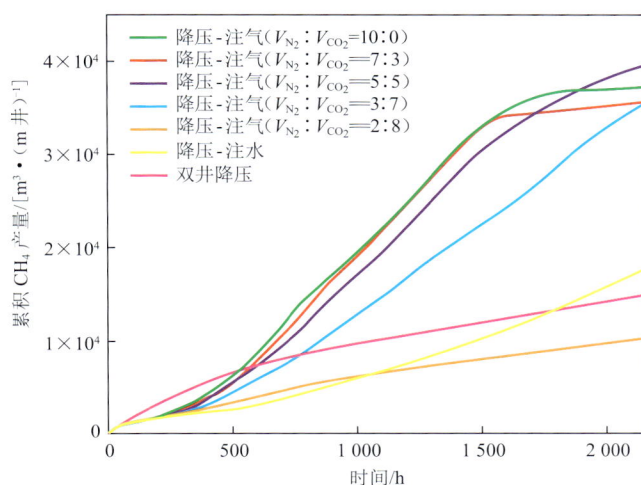

图 5-69 CH_4 累积产量随时间的变化

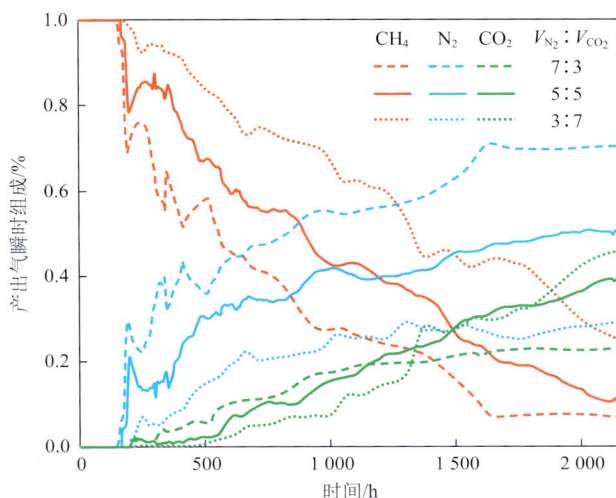

图 5-70 产出气的瞬时组成随时间的变化

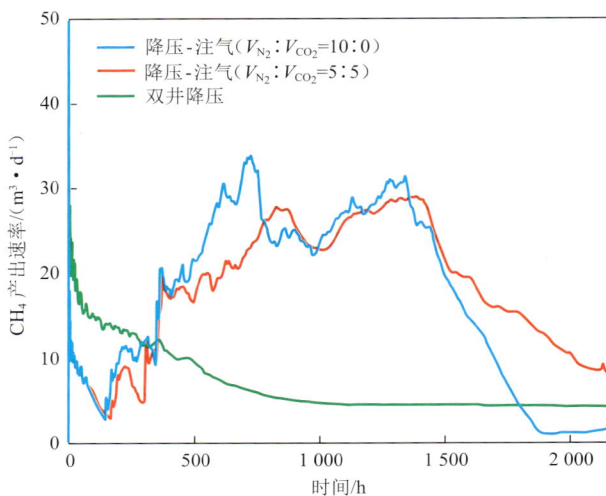

图 5-71 CH₄ 产出速率随时间的变化

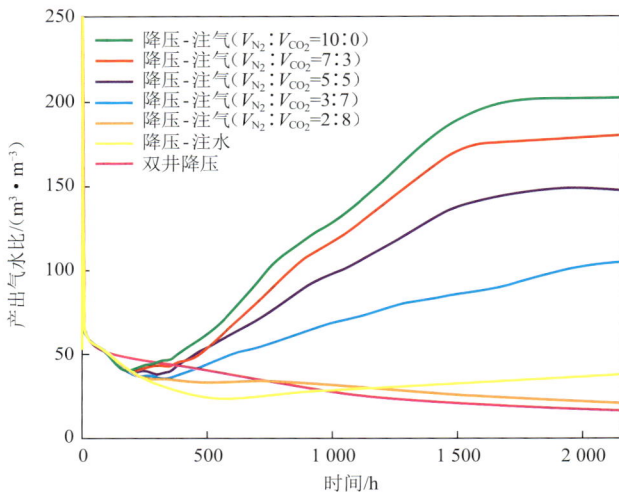

图 5-72 气水比(CH₄/H₂O)随时间的变化

5.9 注 CO_2 乳液进行天然气水合物储层改造的研究

在天然气水合物开采过程中,无论实验室模拟还是大规模实地试采工程,都取得了一定的成果,但是产气效率低,现场开采由于出砂量大而被迫停止作业等一系列问题都制约着水合物现场试采的持续实施。同时,由于上覆层较浅且具有一定的渗透率,长期开发可能出现海水往下渗漏到水合物层和水合物层分解产生的气体从上覆层无序扩散出去的现象。

为了解决这一问题,针对海底水合物藏没有发育成熟的盖层或封闭岩层的情况,结合 CO_2 置换法的概念,创新性地提出了一种解决方法——储层改造,即通过向盖层与甲烷水合物储层中间注入 CO_2 乳液来生成 CO_2 水合物盖层。该 CO_2 水合物层具有超低渗特性,能有效减缓上覆水的下侵,降低产水量的同时还能有效防止出砂和气体无序逃逸状况的发生,可极大地提高 CH_4 的产出效率,并且能够有效地维持地层稳定性,防止开采过程中由于水合物分解,致使地层胶结程度减弱而使盖层出现失稳状况。

本部分为了更加真实地模拟海底天然气水合物藏条件,利用一维可视化水合物模拟装置,通过反应器顶部连接恒压海水来进行模拟开采实验。如图 5-73 所示,整个反应器包括 3 个部分,即上覆水层、CO_2 水合物盖层以及甲烷水合物储层。顶部的海水(0.35% NaCl 水溶液)通过管线与带有活塞的水室底部相连,顶部与氮气瓶相连,通过减压阀控制气体压力,保证海水的压力维持稳定。CO_2 通入搅拌釜,制成乳液后由反应器顶部通入甲烷水合物储层上方。待 CO_2 乳液在封闭环境中形成 CO_2 水合物并经过一定时间老化后,从反应器底部进行甲烷水合物的开采作业。开采过程中,水与气通过气水分离器分离,最终 CH_4 气体被收集到回收罐中,产出水用高精度天平测量质量。

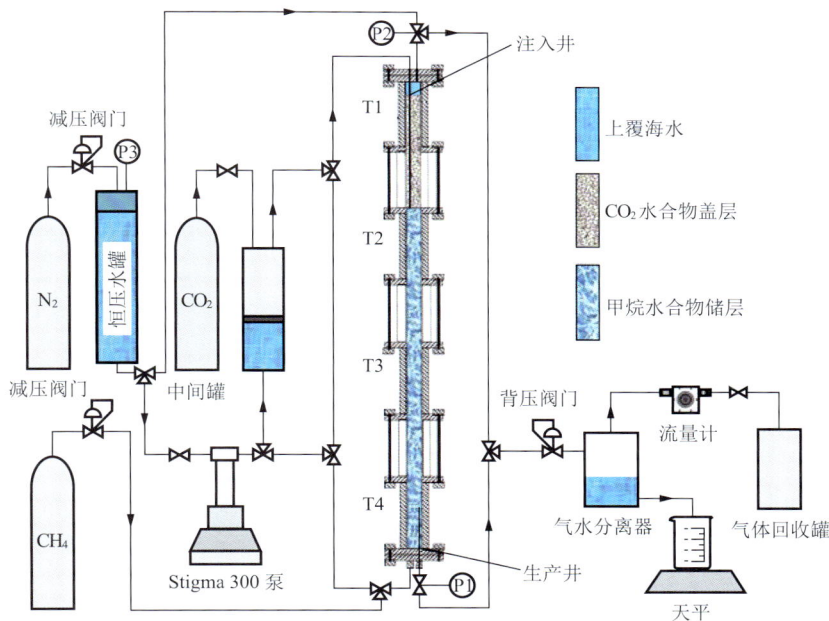

（a）改造后的一维可视水合物模拟装置示意图

图 5-73　一维可视化水合物模拟装置

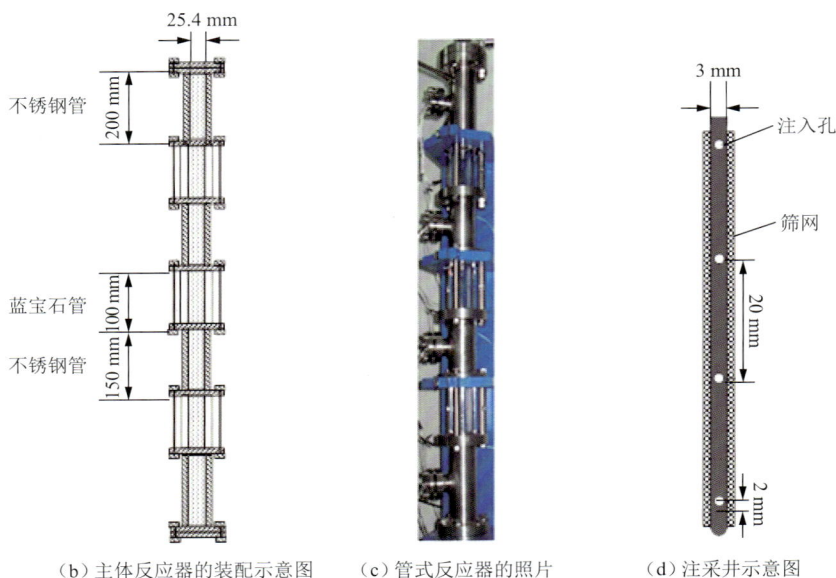

（b）主体反应器的装配示意图　　（c）管式反应器的照片　　（d）注采井示意图

续图 5-73　一维可视化水合物模拟装置

由图 5-74 可以看出，在开采过程开始时，底部井口附近压力瞬间降至设定开采压力（4 MPa），而储层中的压力也由低到高依次降低，这说明开采压力已经波及整个甲烷水合物储层；盖层上方的上覆水压力稳定在 8 MPa 左右，并没有明显的下降，储层与盖层之间建立起明显的压力梯度，这说明人工形成的 CO_2 水合物盖层起到了很好的封盖作用。当开采过程进行到第 200 min 左右时，由于水合物分解引起的温度下降，水合物分解推动力减小，甲烷水合物分解速率明显减慢，此时将开采压力降至 3.5 MPa，此压力仍在 CO_2 水合物相平衡线之上。在第 400 min 时，井口基本无气体产出，认为此时水合物分解结束，

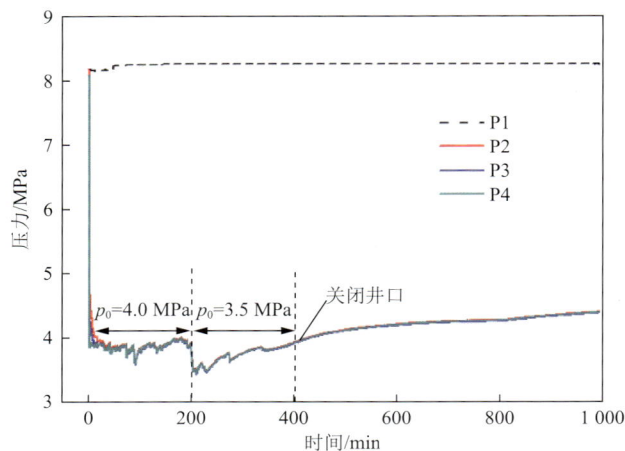

图 5-74　产气过程中反应器内压力随时间的变化

关闭井口。关闭井口后,反应器底部压力回复速率极为缓慢,这说明致密的 CO_2 水合物盖层有效地减慢了上覆海水的下渗。整个开采过程中,反应器顶部与反应器底部最高可承受压差 4.5 MPa,压差维持时间大于 1 000 min。

图 5-75 为在 CO_2 乳液体积与水体积比为 1:1 时开采过程中气水比与产水量随时间的变化。由图 5-75 可以看出,在开采过程开始时,水的产量在增多,这主要是由于储层中的游离水与甲烷水合物分解出的水被采出。在 25 min 时,气水比已经达到 50 左右。在第一阶段(开采压力为 4 MPa),气水比最高可达 88。当进一步降低开采压力时,由于游离水基本被采出,仅有部分分解水产出,所以产水量缓慢增加,但气水比一直增大,最高达到 105。这说明在适当的体积比下,通过 CO_2 乳液生成的盖层具有超低渗特性,能够有效地阻止上覆海水的下渗,并且在开采过程中,虽然水合物的分解致使甲烷水合物储层胶结程度变弱,但并没有出现储层沉积物坍塌、形成裂缝等情况。这说明由于盖层的封闭作用,上覆水无法下渗,松软的沉积物无法被水的携带而向下迁移。因此,盖层的存在对储层与盖层的稳定性起到了重要作用。

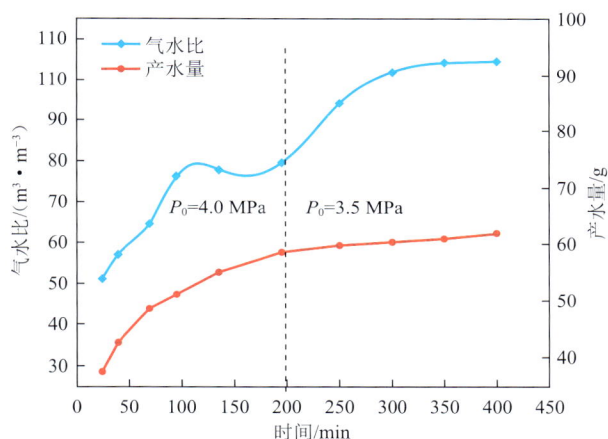

图 5-75　$V_{CO_2}:V_{H_2O}=1:1$ 时气水比(CH_4/H_2O)与产水量随时间的变化

由图 5-76 可以看出,当 CO_2 乳液与水的体积比为 1:1 时,盖层的封闭效果最好,CH_4 的采收率最高(91.52%)。CO_2 乳液的体积占比过高或者过低都会对产气效率造成一定的影响。当 $V_{CO_2}:V_{H_2O}=3:7$ 时,CO_2 的量不足以使附近的游离水完全生成 CO_2 水合物,所以部分游离水仍然存留在盖层中,导致 CO_2 水合物不够致密,上覆水仍然可以以一定的速率下渗,使得最终的采收率为 78% 左右。当 $V_{CO_2}:V_{H_2O}=7:3$ 时,由于 CO_2 的含量过多,附近游离水以及乳液自带水不足以使 CO_2 完全生成水合物,在游离水与乳液携带水全部形成固态水合物后,多余的 CO_2 会被圈闭在水合物盖层中,导致盖层依然不够致密。在开采过程中,在反应器上下巨大的压差作用下,部分未反应的 CO_2 会迁移至甲烷水合物储层,并与甲烷形成 CO_2-CH_4 双水合物,降低了 CH_4 的采收率。由图可以看出,利用纯液态 CO_2 形成盖层后的开采效率最低,这是因为由于纯液态 CO_2 中没有水分,所以当其注入储层中后,储层中的游离水是生成 CO_2 水合物所需水的唯一来源。由于储层条件苛刻,使得 CO_2 注入后瞬间形成一层水合物膜,随着时间的推移,该水合物膜不断吸收周围游离水。当游离水量不够时,部分未反应的 CO_2 会被圈闭在水合物膜中,导致该 CO_2 水合物盖层表面致密而内部疏松。在开采过程中,由于压差的驱动以及盖层在海水的作用下不断消融,上覆水易突破盖层而下侵至储层,未反应的 CO_2 也会被下渗的水携带至井口处。由于海水下渗速率过快,部分 CO_2 未能转化为水合物,而与 CH_4 一起被采出。

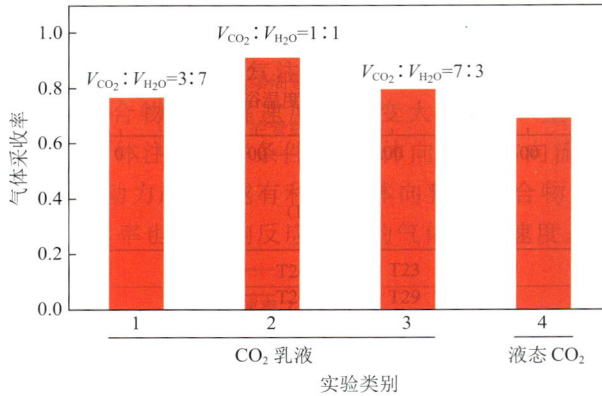

图 5-76　不同 CO_2 乳液液态 CO_2 与水体积比例下的气体采收率

由图 5-77 可以看出,在 $V_{CO_2}:V_{H_2O}=1:1$ 与 $V_{CO_2}:V_{H_2O}=7:3$ 时,采出的气体中几乎没有 CO_2,这说明在适当的压力控制下,致密的 CO_2 水合物盖层有效地阻止了海水下渗,避免了海水对盖层下部的侵蚀,CO_2 水合物盖层的稳定性显著提高;当 $V_{CO_2}:V_{H_2O}=3:7$ 时,由于上覆水下渗速率快,部分 CO_2 水合物会在含 NaCl 的海水冲刷下分解,CO_2 被携带至井口,最终产出,其演化过程如图 5-78 所示。

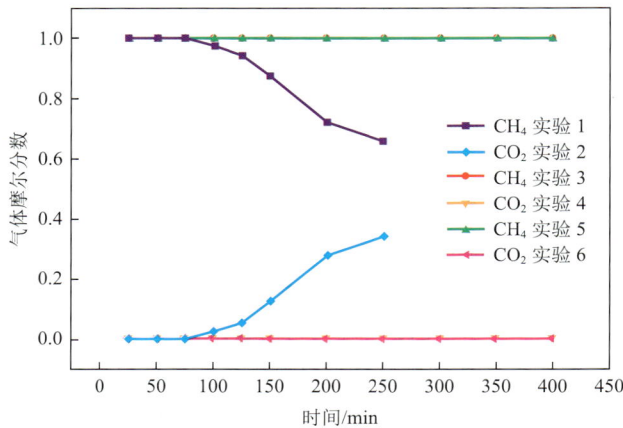

图 5-77　开采过程中气体组分随时间的变化

图 5-78　开采过程中储层内水合物分布照片

1~3 为 3 个可视釜编号

实验结果初步证明了通过注入 CO_2 乳液建立水合物盖层的可行性，低渗的 CO_2 水合物盖层能够有效地提高甲烷水合物的开采效率，并且能起到维持地层稳定性的作用。

参 考 文 献

[1] 贺凯.CO_2海洋封存联合可燃冰开采技术展望.现代化工,2018,38(4):1-4.

[2] 孙致学,朱旭晨,张建国,等.CO_2置换法开采水合物井网系统及注采参数分析.中国石油大学学报（自然科学版）,2020,44(1):71-79.

[3] 张学民,李金平,吴青柏,等.CO_2置换开采冻土区天然气水合物中 CH_4 的可行性研究.化工进展,2014:133-140.

[4] 彭昊,何宏,王兴坤,等.CO_2置换开采天然气水合物方法及模拟研究进展.当代化工,2019,48(1):170-174.

[5] 张杰,关富佳,赵辉.二元复合技术开采天然气水合物可行性分析.当代化工,2019,47(2):309-312.

[6] 张磊.天然气水合物 CO_2-CH_4 交换开采技术简介.石油化工应用,2019,38(7):1-5.

[7] 宋光春,李玉星,王武昌.温度和压力对 CO_2 置换甲烷水合物的影响.油气储运,2016,35(3):295-301.